萌萌的多肉微景观

[日] 平野纯子 著

刘馨宇 译

北京出版集团公司
北京美术摄影出版社

简单DIY制作
多肉植物迷你花园

你的家里有装饰用的小窗子吗？这次我们要用多肉植物来装点这个空间哦！我们选用迷你麻布风篮子，将组好的小盆栽挂在树枝上放在窗边，自然风扑面而来。这里有一个小诀窍，就是所选多肉植物的颜色要和装饰用窗的颜色搭配好，才能更好地起到点缀作用哦！

我们家中都会有较窄的窗台，我们将喜爱潮湿、可以室内养殖的十二卷属多肉植物放在空瓶中，利用这片小空间打造一片浪漫气息。

多肉植物经常被用来打造复古风，这次我们选择各种废旧的或者在小商店购得的小罐和篮子，对它们进行改造，制作出梦幻的多肉植物小花园，并用它们给厨房的装饰柜添加几分复古感觉。

如果你的家中也有这种光照较好的玄关和多层小架子，我们可以用多肉植物来进行装饰。但是时不时要将多肉植物拿到室外通风见光，也可以在室外多养几份多肉植物小组盆，轮流拿到屋内装饰，这样对多肉植物的生长更有益哦！

在手工制作的邮箱下，将多肉植物小盆栽和手工陶器、木板搭配起来，打造一片有特殊韵味的小空间。

每当我们看到多肉植物饱满的肉肉的叶片，都会被那份可爱治愈，感觉生活都跟着甜了起来。

多肉植物不需要过多的照料，只需要偶尔浇水就可以茁壮成长，因此多肉植物非常适合平时工作节奏快、闲暇时间很少的人群种植。

只要对多肉植物进行简单的 DIY，组成小盆栽，可爱感会魔法般倍增，并且可以享受植物由小长大的过程呢！

目　录

[本书所用符号简介]

●难易度分为三个级别　★…入门　★★…简单　★★★…挑战一下

●对种植时间与培育时间有特殊要求的植物, 会添加特殊说明。
●植物的栽培方法以关东平野部 (大致为东经 139 度, 北纬 38 度左右) 以西为依据, 各位读者进行栽种时, 请根据所在区域的气候进行相应的调整。

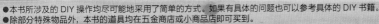

●本书所涉及的 DIY 操作均尽可能地采用了简单的方式。如果有具体的问题也可以参考具体的 DIY 书籍。
●除部分特殊物品外，本书的道具均在五金商店或小商品店即可买到。

超简单!
快速 DIY
多肉植物组盆小景!

多肉植物耐旱性强,

且非常适合栽种在手工制作的容器里。

比如景天属多肉植物娇小可爱,

我们可以选择颜色和叶片形状相适合

的植株进行组盆,

让小小的多肉植株们散发出无限的魅力。

我们还可以巧妙地运用各种低价好物,

还有空罐子之类的日常用品,

对它们稍加 DIY 改造,

创造出世界上唯一的专属组盆小景,

让我们这就去享受其中的乐趣吧!

第1章

低价好物大变身!
多肉植物
迷你园艺速成 13 例

本章我们要对家居小装饰、厨房用品、文具等
进行改造,
我们选用的道具都是很便宜的。
然后我们在改造好的小容器里种上多肉植物,
漂亮华丽的变身就完成啦!

垃圾桶改造小花篮

★…入门

所用低价好物!

水槽漏网
推荐选用直径为
10 厘米左右的金
属质感漏网。

景天属　绿薄雪

景天属　乙女心

景天属　虹之玉

莲花掌属　映日晖

景天属　黄金万年草

景天属　薄雪

所用材料 （以对页上图为例）

水槽漏网（直径约 10 厘米）、装饰用风干茎条、黏着剂、丙烯颜料（白色、茶色）、平头刷、镊子、海绵、多肉植物用土、盛土器、硬纸卡

多肉植物苗 2 份：景天属 薄雪、景天属 乙女心

内侧和提手都要涂色

注意调整海绵涂色的轻重

1 用平头刷将水槽漏网整体（包括内侧和提手）涂上黏着剂，注意黏着剂薄厚要一致，涂好之后放在通风处晾干。

2 将平头刷洗干净，在步骤 1 中晾干的水槽漏网表面（包括内侧和提手）均匀地涂上白色丙烯颜料并晾干。

3 在硬纸卡上取少量茶色丙烯颜料，用海绵边缘蘸取少量丙烯颜料，并如图轻轻点擦在水槽漏网的边缘，之后同样晾干。

4 涂好色的水槽漏网晾干之后，用盛土器向其中倒入土并铺平。

5 先在水槽漏网中栽满薄雪，之后栽种几棵乙女心作为点缀，最后用风干茎条装饰好。

栽种方法小窍门在 10–11 页 ➡

注意

日后管理

推荐将栽种好的组盆小景放在阳面的室外。若是放在室内观赏，要每隔几日便放到室外一段时间。每周浇 1~2 次水，浇水推荐在上午进行，且要一次性浇透水。

多肉植物小盆栽制作方法

让我们来了解一下制作多肉植物小盆栽的基本方法吧。

有排水孔容器

当使用的容器是盒子、木箱或者麻布等底部可以透水的容器时，可以用以下的方法进行种植。

1 组盆的栽种由最主要的植物开始，轻轻将植株从原盆中取出。

> 健康的根部为白色，受伤或老化的根部为茶色

2 如图，小心地将植株的根部展开，取下受伤或老化的茶色根部。

3 按照盆的大小，剪取适当大小的盆底网，并如图铺在盆底。

4 用盛土器向盆中装入1/2的土。

5 将多肉植物苗栽种在放好土的花盆中，并沿花盆的边缘将用土倒入花盆埋住植株根系。

6 将另一份苗取出，如图去除大约1/2多余的土。

> 要连根一起分开哦

7 将步骤6中的小苗按照需要分成几株。

8 用镊子夹取步骤7中分好的多肉植物苗，栽入步骤5中种好主要植株的花盆中。

9 最后用土填满花盆的缝隙，并轻轻压实，高度为花盆边缘下1厘米左右。

10 最后用筷子如图轻按植株的缝隙，并适当补土，防止留有空隙。

无排水孔容器

当用餐具、瓶子等底部没有排水孔的容器种植多肉植物时，要放入沸石或轻酸盐白土等。

→浇水方法参照 106 页

1 在容器底部放入一勺沸石。放入量为盖住整个盆底为佳。

2 在放好沸石的盆内加入用土，深度为盆的 2/3 左右。

一只手放土，另一只手用来固定植株的位置，这样操作起来更便利哦

3 取出多肉植物苗，栽入步骤 2 中放好土的盆中，用土盖住植株根系。

4 在栽种小型多肉植物时，可以运用镊子，如图用镊子将小株多肉植物栽种在步骤 3 的盆里。

将用土表面轻轻铺平

5 用镊子或者筷子将土与植株根系的缝隙按实，并适量补充用土。

例 1
栽种砍头苗

有时为了组盆小景的搭配需要，我们会选择一些没有根系的植株，插秧式地进行栽种。

1 将叶片细小的景天属按照要求分株，并栽种到盆里。

2 如图，剪取有一定长度的砍头苗。

3 将步骤 2 中剪取的植株深深插种在步骤 1 的盆中。

例 2
利用插花专用吸水海绵栽种

我们还可以利用鲜花插花时经常用到的吸水海绵，进行组盆小景的栽种。

1 剪取一定长度的砍头苗并插入吸水海绵，在干燥的吸水海绵上更容易操作。

如果插错了重新插的话，会留下空洞，因此要注意哦

2 当多肉植物苗较小较细的时候，可以用镊子将植株插入吸水海绵。

例 2

巧用吊挂文件篮

★★…简单

景天属　大薄雪

千里光属　佛珠

Welcome
my
house

所用低价好物！

Wire Letter Rack

金属制文件吊篮
推荐选用黑色和茶色的
吊篮。

所用材料

金属制文件吊篮 (21厘米×17厘米、厚2厘米)、木板 (4厘米×7厘米、厚1厘米)、麻布 (17厘米×30厘米)、塑料袋 (17厘米×30厘米)、丙烯颜料 (白色、茶色)、平头刷、镊子、牙签、U形夹、锯子、多肉植物用土、盛土器、硬纸卡

多肉植物苗2份：景天属　大薄雪、千里光属　佛珠

1　用镊子的尖端在剪好的塑料袋上扎5~6个洞，注意洞的分布要均匀。

> 将麻布两端也要折整齐

2　将扎好洞的塑料袋与麻布重合在一起，重合好之后如图对折。

3　如图，将重合并折叠好的麻布和塑料袋放入文件篮中，之后将其展开 (注意将麻布和塑料的侧面平整好)。

4　用盛土器将土放入塑料袋中，并轻轻将土压实。

> U形夹要深深插入土中，不要露出在外部

5　用镊子将佛珠尽可能深地栽进土中。调整佛珠的位置，让佛珠下垂得更自然。

6　用U形夹选择3~4处固定好佛珠，注意不要伤到佛珠较细长的藤条。

7　在佛珠的空隙里种植大薄雪，掩盖住土的表面。

> 如图，将木板垫起来会更容易切取

8　切取宽4厘米、长7厘米的木板，如图，用锯子将木板两角各切去2厘米左右。

9　将步骤8中做好的木板各个面都涂上茶色丙烯颜料，并放在通风处晾干。晾干后，在硬纸卡上取少量白色丙烯颜料，并用牙签蘸取颜料，在木板上写字作为装饰。

10　步骤9中的木板风干之后，插入之前栽种好的组盆中就完成了。

注意

日后管理

推荐将栽种好的组盆小景放在阳面的室外，频率为每周1次，也可在佛珠的表面出现细微纹时，在上午一次性浇透水。

13

例 3

马口铁盒的绘本之国

★★…简单

所用低价好物！

带提手马口铁盒
本次手工，我们要对家居装饰用的马口铁盒进行 DIY 利用。

千里光属　白斑佛珠

景天属　小球玫瑰锦

青锁龙属　粉红十字星锦

景天属　旋叶姬星美人

要轻轻按压，才能营造出复古感

1 在硬纸卡上取少量茶色丙烯颜料，并用海绵蘸取颜料。

2 将马口铁盒的突出部分用海绵涂上茶色丙烯颜料，打造怀旧复古风，并放在通风处晾干。

3 如图，用削铅笔的方法，用裁纸刀将木棒的尖端削成圆锥体。

4 步骤 3 的木棒削好之后，如图，用直尺量取 5 厘米左右的木棒，并用铅笔标注出来。

如图，将木板垫起来会更容易切取

5 用锯了沿着做灯的标记切下木棒。

先涂白色颜料，风干后再涂青色颜料

6 如图，将削灯的木棒的尖端涂成蓝色，将其余部分涂成白色，并放在通风处风干。

7 仁风干灯的木棒上用铅笔画出窗子和门。

8 将铝丝缠绕在步骤 7 中做好的木棒下，并如图拧紧，最后用钳子剪断，留下 2 厘米左右的铝丝。

9 在步骤 2 中风干好的铁盒中放入一勺沸石并铺匀。

10 将用土放入铁盒并用镊子将多肉植物栽入铁盒中，最后将步骤 8 中做好的小装饰插入土中。

栽种方法小窍门在 10-11 页

注意

日后管理

推荐将栽种好的组盆小景放在阳面的室外。若是放在室内观赏，要在阳光较好的时候放到室外一段时间。每周浇水 1~2 次。浇水时推荐用喷壶将土喷湿即可。

例 4

矮陶器的变身

★··入门

所用低价好物!

陶盆矮托盘 本次我们要运用给陶盆做托盘的矮陶器。

青锁龙属　姬花月

景天属　金叶佛甲草

风车石莲属　黛比

景天属　紫球松

景天属　乙女心

景天属　旋叶姬星美人（紫色）

景天属　红景天

所用材料 （以对页中间组盆为例）

陶质矮托盘（直径8厘米、深2厘米）、丙烯颜料（天空蓝色、浅紫色）、平头刷、剪刀、镊子、多肉植物用土、粉状轻酸盐白土、盛土器、勺子、硬纸卡

多肉植物苗2份：风车石莲属 黛比、景天属 紫球松

用粗糙、刷蹭的感觉来营造复古感

1 在硬纸卡上取天空蓝色、浅紫色丙烯颜料，并用平头刷进行混合搅拌，调节成自己喜欢的颜色。

2 用平头刷蘸取步骤1中调好的颜料，均匀地涂在矮托盘上，边缘和内侧也要涂，并放在通风处晾干。

3 在步骤2中风干好的托盘中放入薄薄一层粉状轻酸盐白土并铺匀。也可以用沸石代替。

4 加入用土直到托盘边缘下0.5厘米左右，用于将土轻轻按实。

在接近根部处剪断

5 剪取3支黛比苗，尽量留取较长的茎秆。

6 将步骤5中剪取的黛比苗茎秆修剪到1.5厘米左右的长度。

7 剪取2厘米左右长的紫球松，轻轻摘掉小苗下部的叶片。

8 以黛比作为中心，将紫球松围绕黛比栽种在托盘里，用镊子调整植株位置。

注意

日后管理

推荐将栽种好的组盆小景放在阳面的室外。10天之后进行第一次浇水，栽种后立刻浇水的话容易发生腐烂。生根后，一周浇水1~2次，浇水时推荐用喷壶将土喷湿即可。

例 5

木质小箱里的小庭院

★★…简单

所用低价好物！

UNE PLANTE DE JARDIN

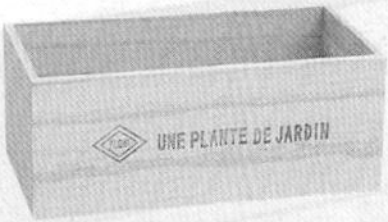

收纳木箱 本次我们要用超人气的收纳木箱作为容器。

青锁龙属　筒叶菊
青锁龙属
火祭
马齿苋属　金枝玉叶
welcome
UNE PLANTE DE JARDIN
景天属　黄金万年草

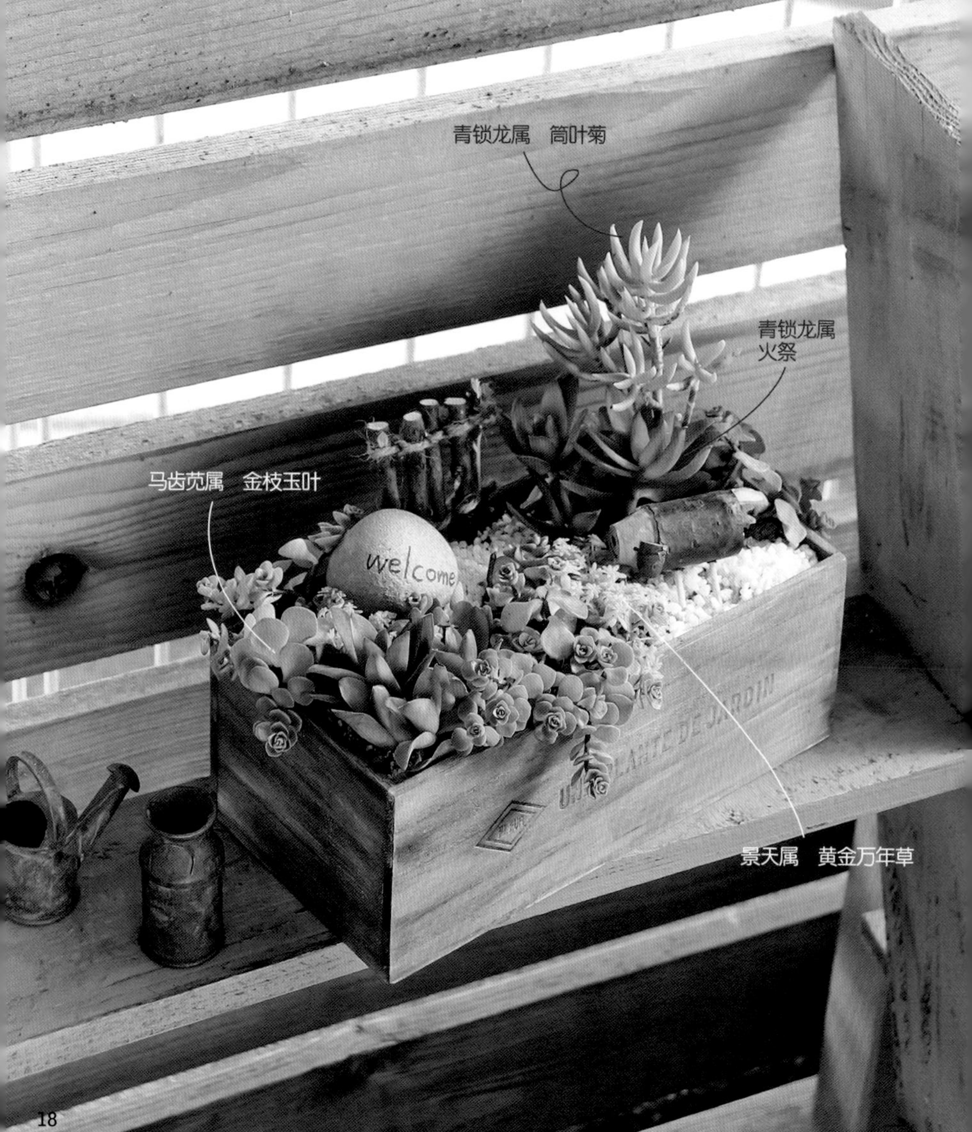

所用材料

收纳木箱(19 厘米 ×9.7 厘米、深 7.5 厘米)、粗木树枝 (直径 2 厘米 ×4 厘米)、粗木树枝 (直径 0.5 厘米 ×25 厘米)、牙签 4 根、小石子 (直径 4~5 厘米)、塑料袋 (25 厘米 ×35 厘米)、麻绳 30 厘米 2 根、铝丝 (直径 0.1 厘米 ×20 厘米)、木材用黏着剂、水性颜料 (焦糖色)、平头刷、剪刀、镊子、裁纸刀、筷子、钳子、锯子、锥子、直尺、勺子、油性笔、多肉植物用土、沙砾、盛土器、塑料盒

多肉植物苗 4 份 : 青锁龙属 筒叶菊、青锁龙属 火祭、马齿苋属金枝玉叶、景天属 黄金万年草

1 用锥子在木箱底部扎若干排水孔，为防止被土堵实，适当将排水孔扩大。

2 在塑料盒中取适量水性颜料，用平头刷涂在木箱表面。

3 用筷子在塑料袋底部扎若干排水孔，铺在木箱底部。

用筷子将用土的空隙按实

4 用盛土器在铺好塑料的木箱内装满土，用筷子将土适当按实。

5 用镊子将多肉植物栽好，并调整多肉植物的位置与搭配。

6 用勺子在土面铺一层白沙石子，盖住用土。

7 将细树枝切成 5 厘米左右的长度，并如图，用麻绳将树枝下端绑住一起。

院子的栅栏就做好啦

8 用同样的方法将树枝上端也用麻绳绑起来，最后如图，在低端左右两侧各绑一段10 厘米左右的铝丝。

栽种方法小窍门在 10–11 页

黏着剂风干之后，别忘了再给小狗画上表情哦

9 用裁纸刀将粗树枝削成如图形状，并将牙签折断，用黏着剂粘在粗树枝的底部做成小狗。

10 用油性笔在小石头上写上喜欢的话，最后将小石头、木栅栏、小狗都装饰在做好的组盆小景里。

注意

日后管理

推荐将栽种好的组盆小景放在阳面的室外。10 天之后进行第一次浇水。生根后，一周浇水 1 次，浇水时推荐在上午一次性浇透。

例 6

笔筒里的花园梦

★…入门

伽蓝菜属　仙人之舞

莲花掌属　映日辉

所用材料

塑料笔筒（11.5 厘米 ×5 厘米、高 10 厘米）、透明塑料文件夹（A4 大小）、丙烯颜料（茶色）、油性笔、平头刷、海绵、剪刀、镊子、直尺、多肉植物用土、装饰用白沙石子、粒状轻酸盐白土、盛土器、勺子、硬纸卡

多肉植物苗 2 份：伽蓝菜属　仙人之舞、莲花掌属　映日辉

在笔筒的上下边缘进行色彩装饰

1　在硬纸卡上取少量茶色丙烯颜料，并用海绵蘸取颜料轻轻涂在塑料笔筒上，放在通风处晾干。

2　用直尺和剪刀从透明塑料文件夹上裁取 9 厘米 ×9 厘米的大小（能遮盖塑料笔筒侧面镂空的大小即可）。

3　丙烯颜料风干后，将步骤 2 中剪好的塑料放在笔筒后部，在笔筒内铺一层粒状轻酸盐白土。

4　如图，用盛土器向塑料笔筒内装满土，并轻轻压实。

5　剪取两种多肉植物苗，茎秆的长度为 2.5 厘米左右。

6　如图，取下多肉植物下部的叶片，将茎的长度修剪为 2 厘米左右。

7　将步骤 6 中修剪好的多肉植物苗插种在塑料笔筒中，调整位置与搭配，注意要盖住所有的镂空。

8　在塑料笔筒的顶端铺好白沙石子，直到看不见用土。

注意

日后管理

推荐将栽种好的组盆小景放在阳面的室外。10 天之后进行第一次浇水，栽种后立刻浇水的话容易发生腐烂。生根后，一周浇水 1~2 次，浇水时推荐用喷壶将土喷湿即可。

例 7

麻绳与皮绳的绝美组合

★…入门

所用低价好物！

彩色皮绳 手工用的多色皮绳。

彩色麻绳 记得选取与皮绳颜色搭配的手工用麻绳哦！

迷你陶盆 迷你可爱的小陶盆，有的花店会若干个小陶盆一组进行售卖，成组购买更加实惠。

景天属　玉缀

千里光属　佛珠

所用材料 （以对页上盆为例）

彩色皮绳 (100 厘米)、彩色麻绳 (40 厘米)、迷你陶盆 (直径 7.5 厘米、高 25.7 厘米)、穿绳珠 (珠孔要可以穿过麻绳)、剪刀、直尺、多肉植物用土、盆底网、盛土器、筷子

多肉植物苗 1 份：景天属　玉缀

1 将皮绳平均剪为 3 段。

> 麻绳和皮绳打结的间隔在 6~7 厘米

2 如图，分别在 3 根皮绳的顶端打一个结。

3 如图，将麻绳系成一个圈，并将步骤 2 中做好的麻绳结处向后 3 厘米左右的位置绑在麻绳上。

4 如图，将步骤 3 中绑好的 3 根麻绳系在一起。

> 在这个阶段调整麻绳的间隔

5 如图，将麻绳围在迷你陶盆的边缘的下部，将麻绳穿过穿绳珠。

6 如图，调整穿绳珠的位置，将具与迷你陶盆固定，最后在穿绳珠底部打一个结将两条麻绳系在一起。

> 用筷子将用土之间的缝隙压实

7 将迷你陶盆从皮绳和麻绳中取出，铺好盆底网后装入用土，并将多肉植物栽种到其中。

8 如图，将之前做好的麻绳和皮绳挂在迷你陶盆上即完成。

栽种方法小窍门在 10-11 页

注意

日后管理

推荐将栽种好的组盆小景放在阳面的室外。若是放在室内观赏，要每隔几日便放到室外一段时间。每周浇水 1~2 次，也可在多肉植物叶片表面出现细微纹理时，在上午一次性浇透水。

例8

自制工业风水泥盆

★ ★ ★ …挑战一下

伽蓝菜属　木樨

厚叶草属　桃美人

马齿苋属　雅乐之舞

拟石莲花属　养老

景天属　丸叶万年草锦

所用材料 （以对页上盆为例）

砂浆（500克以上）、黑板颜料、粉笔、捆包用胶带、油性笔、平头刷、剪刀、镊子、直尺、计量杯、迷你水桶（用来搅拌砂浆）、多肉植物用土、沸石、盛土器、勺子、硬纸盒

多肉植物苗3份：厚叶草属　桃美人、马齿苋属　雅乐之舞、伽蓝菜属　木樨

这个就是砂浆的模具

这个就是内侧的砂浆模具

单位：厘米

单位：厘米

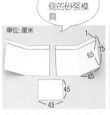
内侧模具　外侧模具

1 如图，剪取7.5厘米左右高度的纸盒。

2 将步骤1中剪下的部分展开，并按照图中的尺寸画好平面图，用来做第二个纸盒。

3 将步骤2中的纸盒剪下，并如图在长方形上端1厘米宽度左右画一条直线。

4 如图，制成第二个无盖有底小纸盒，尺寸小于第一个纸盒。

搅拌均匀

5 在迷你水桶中放入500克砂浆，加入约70毫升水，再用勺子搅拌均匀。

6 将搅拌好的砂浆倒入大纸盒中，并用勺了轻轻挤压出气泡，注意不要倒入过多砂浆。

7 将小纸盒有底的一面作为底部，压入大纸盒，与事先画好的线对齐，用捆包用胶带将小纸盒和大纸盒固定好。

8 将步骤7中做好的纸盒与砂浆放在通风处静置一天，砂浆凝固后，如图，取下纸盒制成水泥盆。

想要更换文字时，只要用布料擦去即可

9 在水泥盆的一个侧面涂一层厚厚的黑板颜料，并放在通风位置风干。

10 黑板颜料完全风干后，用粉笔在侧壁上写上喜欢的文字，容器的制作就结束了。

11 在水泥盆底铺好沸石，再放入用土，最后用镊子将多肉植物栽到盆中。

注意

日后管理

推荐将栽种好的组盆小景放在阳面的室外。若是放在室内观赏，要每隔几日便放到室外一段时间。每周浇水1~2次，浇到土壤湿润即可。

栽种方法小窍门在**10~11页**

25

例 9

文具盒里的小礼物

★★…简单

所用低价好物！

金属制文具盒 推荐选用凹凸起伏较小，设计简单的文具盒。

黑板涂料 颜料风干后，所涂表面会变成黑板质感，是非常好用的颜料。

景天属 黄丽

景天属 松之绿

景天属 佛甲草

金属制文具盒 (19 厘米 ×5 厘米、深 2.3 厘米)、黑板颜料、黏着剂、丙烯颜料(浅绿色、茶色)、粉笔、平头刷、海绵、剪刀、镊子、长钉、锤子、多肉植物用土、盛土器、硬纸卡

多肉植物苗 3 份：景天属　黄丽、景天属　佛甲草、景天属　松之绿

可以用吹风机加速风干

要将刷子上的黏着剂洗净后再蘸取颜料

1 用长钉和锤子在金属制文具盒底部扎3~5 个排水孔，为防止被土堵实，适当将排水孔扩大。

2 用平头刷将黏着剂涂在文具盒上，之后放在通风处晾干。注意除了上下两面之外，边缘也要涂。

3 文具盒表面的黏着剂风干之后，在其表面涂上浅绿色丙烯颜料，涂在除边缘以外的其他位置，同样放在通风处晾干。

4 晾干后，在硬纸卡上取少量茶色丙烯颜料，用海绵边缘蘸取少量丙烯颜料，并如图轻轻点擦在文具盒的边缘，打造复古风。

多刷子上颜料料之后再蘸取取涂料哦

5 如图，在文具盒内侧粗略地涂上黑板颜料，这个步骤要善于利用刷子的侧面，以画出更随意的边缘。

6 步骤 5 中的黑板颜料风干之后，如图，在黑板颜料周围的空白处涂上一层淡淡的茶色丙烯颜料。

7 颜料全部风干之后，在文具盒内放入用土，深度到文具盒边缘下 1 厘米左右为佳。

8 剪取茎秆长度为 1.5厘米左右的松之绿与黄丽苗。

9 先将佛甲草满种在文具盒中，再将步骤8 中剪取的松之绿与黄丽作为点缀，种在文具盒中。

10 最后用粉笔在文具盒内侧的黑板颜料处上写上喜欢的话。

栽种方法小窍门在 10-11 页

注意
日后管理

推荐将栽种好的组盆小景放在阳面的室外。若是放在室内观赏，要每隔几日便放到室外一段时间。每周浇水1~2 次，浇到有水从文具盒底部的排水孔流出即可。

例 10

滤水网的麻绳外衣

★…入门

所用低价好物！

钢制滤水碗
推荐碗口较深的款式。

彩色麻绳 彩色麻绳颜色多种多样，记得选取茶色或绿色，也可根据自己喜好进行选择哦！

景天属　佛甲草

景天属　黄丽

厚敦菊属　紫玄月

厚叶草属　桃美人

露草属　花蔓草

千里光属　佛珠

28

所用材料（以对页上盆为例）

钢制滤水碗（直径10厘米、深9厘米、高20厘米）、彩色麻绳（3.5米以上）、麻布（20厘米×20厘米）、塑料袋（20厘米×20厘米）、丙烯颜料（茶色）、海绵、镊子、筷子、剪刀、多肉植物用土、盛土器、硬纸卡

多肉植物苗3份：景天属 佛甲草、景天属 黄丽、厚敦菊属 紫玄月

可以先用胶带暂时固定麻绳

要用轻轻刷蹭的方式涂抹颜料

1 将麻绳留出15厘米左右，之后将麻绳从下至上如图缠在滤碗提手上。

2 将麻绳缠住整个提手，直到看不到提手为止，最后打一个蝴蝶结。

3 在硬纸卡上取少量茶色丙烯颜料，用海绵边缘蘸取少量丙烯颜料，并如图轻轻点擦在滤碗的边缘，打造复古风。

4 用筷子在塑料袋底部扎5~6个排水孔。

轻轻将土压实

5 如图，将扎好洞的塑料袋与麻布重合在一起，将重合并折叠好的麻布和塑料袋放入滤碗中展开。

6 用盛土器将土放入塑料袋中，并用筷子将土的缝隙压实。

7 如图，修剪多余的麻布，调整形状。

8 将黄丽苗栽进步骤7中做好的容器中。

9 用镊子将佛甲草、紫玄月种好，紫玄月的枝条要向正面垂下。

10 用筷子将土的缝隙压实，让用土更实。

注意

日后管理

推荐将栽种好的组盆小景放在阳面的室外。每周浇1次水，推荐在上午一次性浇透水。土面干燥时将容器整体浸在水中30分钟。

例 11

木质收纳盒里的
迷你田园

★★…简单

所用低价好物!

木质收纳盒
用于家居装饰的
收纳木盒作为容
器。

方形木条 在手工店或木
工店可以买到。

景天属　黄金万年草

景天属　旋叶姬星美人

长生草属　凌娟

马齿苋属　金枝玉叶

所用材料

木质收纳盒（15 厘米 ×8.5 厘米、高 13.5 厘米）、方形木条（2.4 厘米 ×0.5 厘米、长 15 厘米以上）、牛仔布（15 厘米 ×5 厘米以上）、橡皮 2 块、塑料袋（20 厘米 ×26 厘米 1 个、12 厘米 ×10 厘米 2 个）、硬纸卡（15 厘米 ×3 厘米）、木材用黏着剂、丙烯颜料（白色、浅蓝色）、铅笔、平头刷、剪刀、镊子、裁纸刀、筷子、锯条、锥子、多肉植物用土、盛土器、硬纸卡

多肉植物苗 4 份：景天属　黄金万年草、景天属　旋叶姬星美人、长生草属　凌娟、马齿苋属　金枝玉叶

1 用锯条切取 15 厘米左右的木条，如图将木条的一端垫在某处会更容易切取。

2 在硬纸卡上取适量浅蓝色丙烯颜料，用平头刷涂在步骤 1 中切好的木条表面，并放在通风处晾干。

留出 1 厘米宽的边缘，用于涂抹胶水

3 用硬纸卡做成如图的锯齿状样纸，再将其轮廓用铅笔描在牛仔布上，用剪刀剪下。

4 用剪刀将步骤 3 中画好的牛仔布剪下，并如图与步骤 2 中风干的木材条粘在一起。

用橡皮制作的小印章

5 用裁纸刀将橡皮的一个面切平，如图，蘸取白色丙烯颜料，在木质收纳盒上印出窗户图案。

6 丙烯颜料风干后，用锥子在木质收纳盒底部扎 5~6 个排水孔。

7 用筷子在塑料袋底部扎 5~6 个排水孔，并放入木质收纳盒中展开。

8 用盛土器将土放入塑料袋中，并用筷子将土的缝隙压实。

9 用镊子将多肉植物栽好，并调整多肉植物的位置与搭配。

10 将步骤 4 中做好的牛仔布和木材条如图粘在木质收纳盒上，注意要固定得牢一点。

注意

日后管理

推荐将栽种好的组盆小景放在阳面的室外。10 天之后进行第一次浇水。生根后，一周浇水 1 次，浇水时推荐在上午一次性浇透。

栽种方法小窍门在 10－11 页

例 12

自制百花软木
人字拖

★★★···挑战一下

青锁龙属　雨心

景天属　酷勒（日本常见多肉植物）

景天属　丸叶万年草锦

青锁龙属　粉红十字星锦

所用材料

软木板（45 厘米 ×30 厘米、厚 0.5 厘米）、透明塑料管（直径 0.8 厘米、长 26 厘米以上）、硬纸卡（15 厘米 ×7 厘米左右鞋底形 1 枚）、铝丝（直径 0.9 厘米、长 25 厘米以上）、剪刀、镊子、裁纸刀、直尺、中性笔、锥子、干水苔、报纸

多肉植物苗4份：青锁龙属　雨心、景天属　酷勒（日本常见多肉植物）、景天属　丸叶万年草锦、青锁龙属　粉红十字星锦

> 两只鞋的穿绳处是对称的，因此只要将硬纸卡翻过来即可

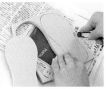

1 沿着鞋底形硬纸卡在软木板背面画出轮廓，注意要画成一对的形状。

2 如图，分别画出穿人字拖绑带的三个点，在软木板上做好标记。

3 把软木板垫在报纸上，沿之前画好的轮廓剪下软木板。

4 剪好软木板后，用锥子将步骤 2 中做好的标记穿透。

5 剪取长 13 厘米的透明塑料管两根。

6 如图，将两根透明塑料管的顶部剪开。

7 准备 6 根 4 厘米长的铝丝。

8 如图，将铝丝拧在塑料管上，并穿过步骤 4 中扎好的人字拖穿绳孔，注意，步骤 6 中制作的塑料管的切口要向上放置。

> 要将金属丝弯折好，与鞋底保持水平

9 如图，将软木板背面的铝丝固定好，并用同样的方法将透明塑料管与另外几个穿绳孔固定起来。

10 用镊子将干水苔从塑料管切口塞入塑料管，再栽种多肉植物。

<hr />

注意

日后管理

推荐将栽种好的组盆小景放在阳面的室外。若是放在室内观赏，要每隔几日便放到室外一段时间。每周浇水 1~2 次，浇到塑料管中有水流出即可。

栽种方法小窍门在 101 页

例 13

抹茶碗里的迷你盆栽

★…入门

青锁龙属　锦晃星

注意

日后管理

推荐将栽种好的组盆小景放在阳面的室外。若是放在室内观赏，要每隔几日便放到室外一段时间。每周浇水1~2次，浇到土壤湿润即可，若浇水过量，会导致植株受损。

所用低价好物！

抹茶碗　推荐使用口径较大的抹茶碗。

景天属　绿色万年草

所用材料

抹茶碗（直径6厘米、深4厘米）、砂浆、多肉植物用土、装饰用白沙石子、沸石、盛土器、勺子

多肉植物苗2份：青锁龙属　锦晃星、景天属　绿色万年草

万年草要种植得密一些哦

1　在抹茶碗底部加入2勺沸石。

2　用盛土器向抹茶碗中加土至边缘下1厘米左右并铺平，如图。

3　取出锦晃星苗，栽种在抹茶碗中，并如图将抹茶碗的一半栽满绿色万年草。

4　栽种好绿色万年草之后，在花盆的另半面铺好白沙石子。

栽种方法小窍门在 10—11页

第 2 章

变废为宝，
旧容器再利用
10 例

这一章我们要将那些废旧的
瓶瓶罐罐变废为宝，
经过简单的 DIY，
用它们制作多肉植物的
组盆小景，
想必它们也会为再次发挥
价值而开心吧。

例 1

饮料瓶盖里的
多肉植物

★…入门

变废为宝好物!

饮料瓶盖 找到
合适大小的饮料
瓶盖组合起来,会
意外地好看哦!

废旧木板 家居
装修等多余的废
旧木板。

所用低价好物!

彩色麻绳 彩色麻绳颜色
多种多样,记得选取与植物
色彩搭配的麻绳哦!

景天属 红金枝玉叶(日本
见品种)

拟石莲花属 吉娃娃

景天属 万年草

景天属 虹之玉

景天属 黄金万年草

拟石莲花属 吉娃娃

景天属 松球

景天属 松球

所用材料 （以对页图中木板上的蓝色盆为例）

饮料瓶盖3个、废旧木板、彩色麻绳（1米以上3根）、砂纸、木材用黏着剂、水性颜料（紫色）、平头刷、镊子、勺子、剪子、多肉植物用土、盛土器、塑料盒、粉状轻酸盐白土

多肉植物苗2份：景天属　虹之玉、景天属　黄金万年草

用粗糙、剐蹭的感觉来营造复古感

1　在塑料盒中取适量紫色水性颜料，用平头刷将颜料刷在整个木板上，并放在通风处晾干。

2　木板风干后，用砂纸摩擦木板的边缘部分，营造出复古感。

3　将木材用黏着剂涂在饮料瓶盖上，稍稍风干，不要彻底风干。

4　如图，用麻绳缠住整个瓶盖外侧。

麻绳的末端按进瓶盖的内侧

5　用麻绳将整个瓶盖缠好直到看不到瓶盖后，剪断麻绳，并将麻绳末端用黏着剂粘在瓶盖内侧。

6　步骤5的瓶盖风干后，在瓶盖中装入少量粉状轻酸盐白土。

7　向瓶盖中装入适量用土，并轻轻压实、碾平。

8　剪取1.5厘米左右长度的虹之玉，取下虹之玉下半部分的叶片，将植株栽入土中。

9　用镊子将黄金万年草栽到瓶盖中，调整多肉植物平衡、搭配。

10　用同样的方法制作剩余两个微型瓶盖盆，并用木材用黏着剂固定在木板上。

注意

日后管理

推荐将栽种好的组盆小景放在阳面的室外。10天之后进行第一次浇水，栽种后立刻浇水的话容易发生腐烂。生根后，一周浇水1~2次，浇水时推荐用喷壶将土喷湿即可。

例 2

空瓶里的十二卷属小天使

★…入门

所用低价好物!

标记胶带 推荐选用有装饰花纹的胶带。

包装丝带 推荐选择文艺风的淡色系丝带。

变废为宝好物!

空瓶 果酱瓶等玻璃瓶。

十二卷属 宝草

十二卷属 鹰爪

所用材料（以对页左瓶为例）

空瓶（直径 6 厘米、高 7.5 厘米）、丝带（50 厘米以上）、标记胶带、硬纸卡、油性笔、迷你陶盆（直径 7.5 厘米、高 25.7 厘米）、剪刀、镊子、打孔器、多肉植物用土、装饰用白沙石子、沸石、盛土器、勺子

多肉植物苗 1 份：十二卷属　宝草

要将根部
扎实

1　洗净空瓶并擦干，向瓶内放入适量沸石。

2　向瓶内加入深度为 2 厘米左右的用土，注意放土的时候动作要轻，防止弄脏玻璃瓶壁。

3　取出多肉植物轻轻栽入瓶中。

4　轻轻将少量装饰用白沙石子放入瓶内。

5mm

5　在硬纸卡上画出如图尺寸大小的标签，并打扎。

剪切线

6　沿剪切线剪下硬纸卡，做成标签，大小可根据喜好适当调整。

7　用油性笔在标签上写好喜欢的信息，注意不要沾到水。

8　如图，用丝带绕玻璃瓶边缘两周，并留取一定长度丝带后剪断。

9　将剩余的丝带系一个蝴蝶结，之后将标签穿在蝴蝶结上再次打一个结。

10　最后将胶带粘贴在适度的位置上。

注意

日后管理

推荐将栽种好的组盆小景放在阳面的室外。若是放在室内观赏，要每隔几日便放到室外一段时间。每周浇水1~2 次，用喷壶喷到土壤湿润即可。

例3

仿喷漆迷你陶盆

★★…简单

所用低价好物!

丙烯颜料 丙烯颜料具有快干、耐水性等特点,因此是近年来非常流行的一种手工工具。

变废为宝好物!

迷你陶盆 设计简单的迷你陶盆,推荐选择表面凹凸较少的款式。

景天属 春萌

风车草属 胧月

景天属 旋叶姬星美人

长生草属 凌娟

景天属 黄金万年草

景天属 酷勒

NO.3

NO.2

NO.1

所用材料 （以对页最左盆为例）

迷你陶盆（直径约 7.5 厘米，高 7 厘米）、厚纸、平头刷、丙烯颜料（白色、蓝色）、标记胶带、镊子、海绵、剪刀、裁纸刀、多肉植物用土、盛土器、盆底网、硬纸卡

多肉植物苗 2 份：长生草属 凌娟、景天属 黄金万年草

注意边缘及边缘内侧也要涂，如图

1 在硬纸卡上取蓝色丙烯颜料，用平头刷将迷你陶盆整体涂好丙烯颜料，之后放在通风处晾干。

2 在硬纸卡上画出数字或英语等喜爱的文字，并如图用裁纸刀刻下来。

可以用吹风机加速风干

3 待步骤 1 中的迷你陶盆晾干之后，将步骤 2 中的硬纸卡与迷你陶盆用标记胶带贴在一起。在硬纸卡上取少量白色丙烯颜料。

4 用海绵边缘蘸取少量白色丙烯颜料，并如图轻点轻擦在厚纸的镂空处，打造仿喷漆质感。

5 用海绵将迷你陶盆边缘也涂上少许白色丙烯颜料，打造复古感。

6 迷你陶盆边缘和厚纸镂空处都风干之后，取下胶带和厚纸。

7 在步骤 6 中做好外观的迷你陶盆盆底铺上适当大小的盆底网。

8 用盛土器向其中倒入土并铺平，高度为迷你陶盆边缘下 1 厘米左右。

9 先在迷你陶盆中央栽好凌娟，之后栽种黄金万年草，最后要盖住盆土。

栽种方法小窍门在 10-11 页

注意

日后管理

推荐将栽种好的组盆小景放在阳面的室外。若是放在室内观赏，要每隔几日便放到室外一段时间。春秋季节每周浇 1 次，也可在黄金万年草的表面出现细微细纹时，在上午一次性浇透水。夏季和冬季要控制浇水量。

Succulent Garden

迷你陶盆 设计简单的迷你陶盆，旧陶盆也没关系。

铁盒盖子 糖果盒等金属盒子的盖子。

例 4

多盆组合的
角落花园

★…入门

莲花掌属 黑法师

莲花掌属 映日辉

金叶苔草

石莲花属 七福神

马齿苋属 雅乐之舞

风车石莲属 黛比

景天属 丸叶万年草（红叶）

所用材料 （以对页最下排中间盆为例）

迷你陶盆（直径约9厘米、高8.3厘米）、丙烯颜料（白色、蓝色）、平头刷、铁盒盖子、海绵、剪刀、多肉植物用土、盛土器、盆底网、硬纸卡、筷子

多肉植物苗1份：风车石莲属　黛比

可以使用吹风机，这样干得更快哦

用粗糙、剥蹭的感觉来营造复古感

1 在硬纸卡上取蓝色丙烯颜料，用平头刷将迷你陶盆整体涂好丙烯颜料。

2 迷你陶盆的边缘及边缘内侧3厘米左右也要涂，之后放在通风处晾干。

3 用海绵边缘蘸取少量白色丙烯颜料，并如图轻轻点擦在陶盆上，打造复古感。

4 在迷你陶盆盆底铺上适当大小的盆底网。

5 用盛土器向其中倒入土并铺平，高度为花盆的2/3左右。

6 将多肉植物苗在迷你陶盆中央栽好，用筷子将用土之间的缝隙压实。

▷ 栽种方法小窍门在 10—11 页

枝叶细长的植物非常适合在多肉植物中做点缀哦

7 用同样的方法制作喜欢的迷你陶盆，并根据喜好栽种多肉植物，多肉植物耐旱，因此很容易料理。

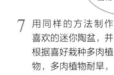

8 在搭配花盆摆放位置时，要将高的花盆和植物放在后面，将矮的放在前面，调整整个角落的组合搭配感。

9 将铁盒盖子涂成蓝色并用白色丙烯颜料在上面写字，最后挂好，一个多肉植物角落就完成了。

注意

日后管理

推荐将栽种好的组盆小景放在阳面的室外。若是放在室内观赏，要每隔几日便放到室外一段时间。春秋季节每周浇水1次，也可在多肉植物的表面出现细微细纹时，在上午一次性浇透水。夏季和冬季要控制浇水量。

例 5

白色旧陶器搭制纯白之城

★★…简单

变废为宝好物！

大小不同的花盆 准备若干大小不同的花盆，最大的花盆要选择平底设计。

橡皮 切成适当大小，用来制作印章。

所用低价好物！

瓷砖黏缝剂
只要加入适量水即可使用，平时用来黏合瓷砖等，这里也可以用来打造复古质感。

长生草属　凌娟

景天属　大薄

景天属　旋叶姬星美人（紫色）

厚敦菊属　紫玄月

景天属　酷勒

青锁龙属　粉红十字星锦

所用材料

大小不同的花盆 4 个 [本例型号由大到小设为 1 号（最大）、2 号、3 号、4 号（最小）]、橡皮（1 块橡皮切成 2 份）、瓷砖黏缝剂（100 克以上）、丙烯颜料（白色、浅黄色、金色）、金属丝（直径 0.1 厘米、长 25 厘米以上）、装饰小铃铛、包装纸、木材用黏着剂、平头刷、海绵、剪刀、镊子、裁纸刀、钳子、多肉植物用土、塑料盒、盛土器、盆底网、硬纸卡

多肉植物苗 6 份：长生草属 凌娟、景天属 旋叶姬星美人（紫色）、景天属 大薄雪、厚敦菊属 紫玄月、景天属 酷勒、青锁龙属 粉红十字星锦

两行之间交错开印会更有美感，如图

1 在硬纸卡上取白色丙烯颜料，用大块橡皮在 1 号（最大）花盆上印章。

2 用平头刷在步骤 1 中的花盆外侧及其边缘涂上白色丙烯颜料，边缘内侧 3 厘米左右也要涂，之后放在通风处晾干。

3、4 号陶盆也要涂

3 将瓷砖黏缝剂与白色丙烯颜料以 1:2 的比例混合，用海绵边缘蘸取少量丙烯颜料，并如图轻轻点擦在 2 号陶盆上，放在通风处晾干。

4 2 号花盆风干后，在硬纸卡上取金色丙烯颜料，用小块橡皮在花盆边缘上印章，如图。

用粗糙、剐蹭的感觉来营造复古感

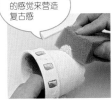

5 在硬纸卡上取浅黄色丙烯颜料，用海绵以点擦式粗糙地涂在 2 号花盆上。

6 用同样的方法将剩下两个花盆涂色。

7 在每个花盆盆底都铺上适当大小的盆底网。

栽种多肉植物时要善于利用镊子哦

8 向 1 号花盆中倒入土并铺平，高度为花盆的 2/3 左右，放入 2 号花盆后，在 1 号花盆中栽种多肉植物。

栽种方法小窍门在 10-11 页

如图，用钳子的尖端弯折金属丝

9 取 3 根金属丝，用钳子如图弯折，并将包装纸剪成如图形状后对折，制作小旗，最后挂上铃铛。

10 以同样方式将 3、4 号花盆叠好，并栽种多肉植物，装点小旗。

注意

日后管理

推荐将栽种好的组盆小景放在阳面的室外。春秋季节每周浇 1 次，也可在多肉植物的表面出现细微细纹时，在上午一次性浇透水。夏季和冬季要控制浇水量。

例 6

木箱里的 多肉植物小集合

★…入门

所用低价好物!

收纳木盒 多用于家居装饰的木盒。

变废为宝好物!

迷你陶盆 设计简单的迷你陶盆,推荐选择表面凹凸较少的款式。

风车景天属 秋丽

景天属 黄丽

风车景天属 布洛姬

景天属 春萌

拟石莲花属 吉娃娃

拟石莲花属 白牡丹

所用材料

迷你陶盆 6 个（直径 4.5 厘米,高 4 厘米）、收纳木盒（15.8 厘米 ×11.5 厘米,高 4 厘米）、丙烯颜料（白色）、金属丝（直径 0.1 厘米、长 18 厘米）2 根、平头刷、镊子、尺子、钳子、铅笔、锯子、多肉植物用土、装饰用白沙石子、盛土器、勺子、硬纸卡

多肉植物苗 6 份：风车景天属　秋丽、景天属　黄丽、风车景天属　布洛姬、拟石莲花属　吉娃娃、景天属　春萌、拟石莲花属　白牡丹

> 用钳子尖端按扁金属丝,进行固定

1 在木盒子较短的侧面开孔安装把手,开孔位置为木盒子侧面中心位置左右各 4 厘米处,用铅笔标注出来。

2 用锥子将步骤 1 中标注的位置穿透,另一面也用同样的方法穿出提手孔。

3 用钳子剪取 2 根 18 厘米左右长的金属丝。

4 如图,将金属丝从木盒子的外侧穿过提手孔,再将穿过盒子的部分拧在金属丝上,制成 "U" 形提手。

> 用粗糙、剐蹭的感觉来营造复古感

> 盆底较大的情况下,需要铺盆底网

5 在硬纸卡上取白色丙烯颜料,用平头刷在步骤 1 中的迷你陶盆外侧及其边缘涂上白色丙烯颜料,晾干。

6 用盛土器向迷你陶盆中倒入土并铺平,高度为迷你陶盆边缘下 1 厘米左右。

7 用镊子将多肉植物栽种在迷你陶盆中。

8 用勺子将装饰用白沙石子铺在用土的表面,其他盆也用同样方法种植。

9 6 个迷你陶盆种植结束后,将小盆栽摆在木盒子里,要注意颜色的搭配哦!

注意

日后管理

推荐将栽种好的组盆小景放在阳面的室外。10 天之后进行第一次浇水,栽种后立刻浇水的话容易发生腐烂。生根后,春秋季节每周浇 1 次,在上午一次性浇透水。夏季和冬季要控制浇水量,另外要注意木盒子底部不要有积水。

例 7

罐头盒和饮料瓶盖里的小住户们

★★…简单

变废为宝好物!

罐头盒 推荐选择口径较大的罐头盒。

饮料瓶 推荐选择图中圆形的饮料瓶。

景天属　球松

风车属　胧月

青锁龙属　粉红十字星锦

景天属　丸叶万年草（红叶）

所用材料 （以对页上方盆为例）

罐头盒、饮料瓶、黏着剂、丙烯颜料（白色、浅紫色、茶色）、黑板颜料、平头刷、镊子、裁纸刀、剪刀、海绵、长钉、牙签、锤子、多肉植物用土、盛土器、硬纸卡

多肉植物苗2份：景天属 球松、风车属 胧月

1 如图，不要取下饮料瓶盖，用裁纸刀从瓶盖起1.5厘米处切下。

2 如图，用剪刀将切口修剪平整。

3 如图，将塑料瓶盖浸入黑板颜料，将瓶盖染色，并放在通风处放干。

4 瓶盖风干后，用牙签蘸取白色丙烯颜料，在瓶盖上写上文字、画上喜爱的图画。

可以用吹风机加速风干

5 用平头刷在罐头盒的表面和边缘涂上黏着剂，底部也要涂，并放在通风处晾干。

6 黏着剂风干之后，在黏着剂表面涂上浅紫色丙烯颜料，并放在通风处晾干。

用粗糙、剐蹭的感觉来营造复古感

7 用海绵蘸取茶色丙烯颜料，在罐头盒外侧及其边缘点擦上茶色丙烯颜料，打造复古风。

8 用长钉和锤子在罐头盒底部扎3~5个排水孔，为防止被土堵实，适当将排水孔扩大。

9 用盛土器向罐头盒中倒入土并铺平压实，把瓶盖如图扣在中间，注意要扣紧。

10 高度为罐头盒边缘下1厘米左右。首先将球松栽种在土中，再用镊子将胧月插种在球松的缝隙间。

❖ 注意 ❖

日后管理

推荐将栽种好的组盆小景放在阳面的室外。若是放在室内观赏，要每隔几日便放到室外一段时间。每周浇水1~2次，浇水时推荐在上午进行，且要一次性浇透水。

栽种方法小窍门在10-11页

49

例 8

用罐头盒自制欢迎板牌

★★…简单

所用低价好物！

复古风水性文身贴
推荐使用较大字体，或有设计感的排版。

B-103
DOWNTOWN
BROOKLYN

变废为宝好物！

罐头盒 推荐选择口径较大的罐头盒。

木板 木工剩余的边角料即可。

168TH STREET

景天属 春萌

景天属 黄丽

拟石莲花属 女雏

拟石莲花属 白牡丹

伽蓝菜属 月光兔耳

景天属 乙女心

景天属 宽叶景天

风车景天属 布洛姬

厚敦菊属 紫玄月

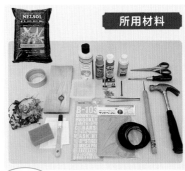

所用材料

罐头盒、复古文身贴、木板（宽8.5厘米、厚1.2厘米、长22厘米左右）、金属丝（直径0.1厘米、长25厘米以上）、砂纸、黏着剂、丙烯颜料（浅绿色、茶色）、水性颜料、黑板颜料、平头刷、吹风机、镊子、锥子、剪刀、海绵、长钉、木材用螺丝、锤子、多肉植物用土、勺子、塑料盒、盛土器、硬纸卡

多肉植物苗9份：景天属 春萌、景天属 黄丽、拟石莲花属 女雏、拟石莲花属 白牡丹、伽蓝菜属 月光兔耳、景天属 乙女心、景天属 宽叶景天、风车景天属 布洛姬、厚敦菊属 紫玄月

上下左右、正面反面都要涂好

可以用吹风机加速风干

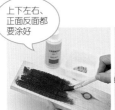

1 在塑料盒中倒入水性颜料，用平头刷将颜料涂在木板上，并放在通风处风干。

2 步骤1中的木板风干之后，用砂纸摩擦木板边缘，打造复古风。

3 用平头刷在罐头盒的表面和边缘涂上黏着剂，底部也要涂，并放在通风处晾干。

4 黏着剂风干之后，在黏着剂表面涂上浅绿色丙烯颜料。

用粗糙、刮蹭的感觉来营造复古感

接触黏着土时推荐戴上手套

5 用海绵蘸取茶色丙烯颜料，在罐头盒外侧及其边缘点擦上茶色丙烯颜料，打造复古风。

6 罐头盒上的丙烯颜料风干后，用长钉和锤子在罐头盒底部扎2个孔，用来拧螺丝。

7 如图，将罐头盒用木材用螺丝固定在木板的下方。

8 用盛土器向罐头盒中倒入土并铺平压实。

▶ 栽种方法小窍门在**101页**

9 将多肉植物栽种在罐头盒中，并根据喜好选择文身贴印在木板上，如图。

10 用锥子在木板顶部扎2个孔，用来穿金属丝，做提手。

11 剪取40厘米左右的金属丝，制成如图提手。

注意
日后管理

推荐将栽种好的组盆小景放在阳面的室外。10天之后进行第一次浇水，栽种后立刻浇水的话容易发生腐烂。生根后，一周浇水1~2次，浇水时推荐用喷壶将组盆整体喷湿即可。

例 9

麻布风小吊篮

★★…简单

青锁龙属　火祭

景天属　丸叶万年草

拟石莲花属　白牡丹

伽蓝菜属　不死鸟

变废为宝好物！

40 NFOGGARAJ TIO

麻布　家居装饰、园艺等用剩的麻布料。

所用低价好物！

麻绳　手工用的彩色麻绳，推荐选择与植物相称的颜色。

厚敦菊属　紫玄月

所用材料 （以对页上篮为例）

麻布（23 厘米 ×11 厘米）、塑料袋（18 厘米 ×19 厘米）、彩色麻绳（30 厘米以上）、麻绳（70 厘米以上）、金属丝（直径 0.1 厘米、长 10 厘米 2 根、25 厘米 1 根）、粗毛线针、镊子、钳子、剪刀、直尺、油性笔、筷子、多肉植物用土、盛土器

多肉植物苗 2 份：青锁龙属　火祭、景天属　丸叶万年草

> 这样就做好一个布袋了

1　用油性笔在麻布上做好标记，将麻布剪成 23 厘米 ×11 厘米大小。

2　将步骤 1 中剪好的麻布对折，如图，用麻绳沿着对折麻布内侧边缘 1 厘米左右缝合。注意，要在布料的反面缝合。

3　另一侧也要这样缝合，缝好之后，打结系紧后将多余部分剪断。

4　将做好的麻布袋翻过来，尤其要将袋子角调整平整。

> 可以从麻布袋的外侧开始缝，缝线作为点缀

5　如图，将布袋口向内层弯折 3 厘米左右，并用彩色麻绳在外侧进行缝合。

6　用钳子取长 10 厘米金属丝 2 根，25 厘米金属丝 1 根。

7　如图，将 10 厘米的金属丝穿过布袋，并用钳子将金属丝的末端弯折成 U 字形。

8　如图，步骤 7 中弯折好的铁丝钩在一起，制成 2 个小挂钩。

> 如图，将金属丝末端弯折，制成美丽的小装饰

9　如图，将 25 厘米的金属丝穿过步骤 8 中做好的挂钩，制成提手。

10　用锥子在木板顶部扎 2 个孔，用来穿金属丝，做提手。

11　剪取 40 厘米左右的金属丝，制成如图提手。

注意

日后管理

推荐将栽种好的组盆小景放在阳面的室外。一周浇水 1~2 次，浇水时要浇透，也可以将麻布袋整体浸在水中 30 分钟左右。

栽种方法小窍门在 **10-11 页**

例 10

空罐子的厨具变身

★★…简单

变废为宝好物!

 矮罐头盒 推荐选择口径较大的罐头盒。

 高罐头盒 推荐选择较高的罐头盒。

风车景天属 布洛姬

拟石莲花属 女雏

景天属 黄金万年草

景天属 春萌

景天属 薄雪

风车景天属 布洛姬

景天属 虹之玉

风车景天属 秋丽

拟石莲花属 女椎

景天属 黄金万年草

景天属 薄雪

所用材料

矮罐头盒、高罐头盒、金属丝（直径 2.5 毫米、长 35 厘米以上）、金属条（宽 5 毫米、长 4 厘米以上）2 根、黏着剂、丙烯颜料（蓝色、浅绿色、茶色）、平头刷、钳子、镊子、锥子、剪刀、海绵、直尺、速干胶、胶带、长钉、锤子、多肉植物用土、盛土器、硬纸卡

多肉植物苗 6 份：风车景天属 布洛姬、景天属 虹之玉 风车景天属 秋丽、拟石莲花属 女雏、景天属 黄金万年草、景天属 薄雪

对页下盆制作方法

可以用吹风机加速风干

要立刻清洗平头刷，以免颜料凝固

1 如图，用钳子将高罐头盒的边缘向内弯折，防止边缘伤手。

2 用平头刷在高罐头盒子的表面和边缘涂上黏着剂，盒子边缘内侧也要涂，并放在通风处晾干。

3 黏着剂风干之后，在黏着剂表面涂上蓝色丙烯颜料。

4 罐头盒子的边缘也要涂上蓝色丙烯颜料，看起来更逼真、精致。

使用钳子的尖端会更容易弯折金属条

用钳子的尖端夹住金属条会更容易操作

5 用海绵蘸取茶色丙烯颜料，在罐头盒子外侧及其边缘点擦上茶色丙烯颜料，打造复古风。

6 如图，用钳子将金属条弯折。

7 在金属条上涂一层黏着剂，风干后用平头刷涂上茶色丙烯颜料。

8 罐头盒的颜料风干后，用长钉和锤子在罐头盒底部扎 4~5 个排水孔，为防止被土堵实，适当将排水孔扩大。

9 步骤 7 中涂色的金属条风干后，如图，在两个脚的位置涂一层厚厚的速干胶。

10 将涂有速干胶的金属条如图用胶带粘在对称的位置上。

11 金属条粘住后，取下胶带，提手就做好了。用盛土器向高罐头盒中倒入用土并铺平，高度为花盆边缘下 5 毫米左右。

12 将多肉植物栽种在罐头盒中，并用筷子调整植株与土之间的空隙，要注意多肉植物的色彩搭配哦！

栽种方法小窍门在 10~11 页

54 页上盆制作方法

1 用钳子取 35 厘米长的粗金属丝。

2 将金属丝弯折成如图形状，注意左右两端长度要一致。

弯折时要慢，否则容易折断哦

3 如图，将金属丝垫在石头或木板上，用锤子将其末端击打成扁状。

4 如图，用钳子将步骤3中击扁的部分弯折，制作成厨具手柄的接合部。

景天属 旋叶姬星美人
景天属 虹之玉
风车景天属 秋丽
景天属 可乐万年草
拟石莲花属 女雏
风车景天属 布洛姬
景天属 球松
景天属 黄金万年草
景天属 春萌

5 如图，在两个接合处涂一层厚厚的速干胶。

在完全风干前可暂时用胶带固定

6 将涂有速干胶的手柄粘在事先涂色制作好的矮罐头盒上。

7 金属条粘住后，用长钉和镊子在罐头盒底部扎 4~5 个排水孔，最后将多肉植物栽种好。

栽种方法小窍门在 10-11 页

注意

日后管理

推荐将栽种好的组盆小景放在阳面的室外。10 天之后进行第一次浇水，栽种后立刻浇水的话容易发生腐烂。生根后，每周浇水1~2次，浇水时推荐在上午一次性浇透。

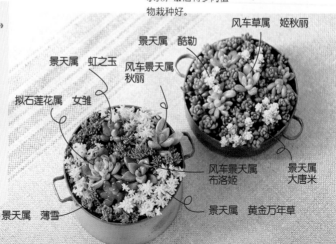

风车草属 姬秋丽
景天属 酷勒
景天属 虹之玉
风车景天属 秋丽
拟石莲花属 女雏
风车景天属 布洛姬
景天属 大唐米
景天属 薄雪
景天属 黄金万年草

第3章

小小的改变，
大大的收获
多肉植物微景观 9 例

这一章，我们要运用园艺店、
手工店都很常见的材料，
与糖果罐等搭配，
经过小小的 DIY 加工，
打造出别有趣味的多肉植物微景观。

例 1

简约水苔球

★★⋯简单

Ⓐ千里光属　佛珠
Ⓑ景天属　黄丽
Ⓒ拟石莲花属　养老
尺寸 直径 10 厘米

这次我们一起来做这个吧!

Ⓐ 厚敦菊属　紫玄月
尺寸 直径 10 厘米

Ⓐ 景天属　垂盆草
尺寸 直径 10 厘米

将干燥水苔做成的小球,
栽培藤条状的多肉植物制成水苔球,
打造满溢的自然风。

所用材料

水苔适量、金属丝（粗 0.1 厘米，长 20 厘米以上）、麻绳（约 150 厘米）、U 形夹 4~5 个、剪刀、装饰用藤条、泡沫防震包装袋

多肉植物苗 1 份：厚敦菊属　紫玄月

水苔吸水困难时，在水里浸泡 30 分钟左右

1 用水将水苔在小水桶中泡开，取适量水苔，除去多余水分，放入杯中。

2 将水苔在泡沫防震包装袋上展开，厚度为 1 厘米左右。

3 轻轻将植株取出，不要伤到根系。

4 轻轻剥落根系外部多余的土。

5 如图，用手将植株根系团成球状。

6 将植株放在水苔中心。

推荐像握饭团时那样用两只手握哦

麻绳可以从植株的根部开始卷起

7 用泡沫防震包装袋将放有植株的水苔包裹起来。

8 如图,将水苔和植株根部包裹成球状,握紧。

9 取下泡沫防震包装袋,如图,用麻绳将水苔球缠绕起来。

10 缠好后,将麻绳在靠近植株根部处打一个结,剪去多余的麻绳。

11 如图,用剪刀剪去U形夹多余的部分,调整长度。

12 将植株的藤条缠绕在水苔球上,并用U形夹固定好。

13 将装饰用藤条缠绕在植株上,绕两至三圈。

14 如图,用一根金属丝贯穿做好的水苔球,一端的金属丝固定好后,将另一端如图弯折成U形,制成挂钩。

注意

日后管理

推荐将栽种好的组盆小景放在阳面的室外。一周浇水1~2次,推荐在上午一次性浇透,也可以将水苔球整体浸在水中30分钟左右。

例2

小罐子改造玄关小景

★★…简单

这次我们一起来做这个吧！

A 景天属　龙血景天
B 景天属　薄雪

尺 寸 直径 13 厘米、深 3.5 厘米

Ⓐ景天属　黄金万年草
Ⓑ景天属　薄雪
尺　寸 17 厘米 × 12 厘米、深 4.5 厘米

Ⓐ景天属　丸叶万年草
Ⓑ景大属　球松
Ⓒ干果
尺　寸 18厘米 × 20 厘米、深
　　　3.5 厘米

让我们对饼干盒子、糖果盒子
等浅盒子进行小小的 DIY 加工，
再用可爱又绚丽的多肉植物
填满一个个梦想之盒吧。

所用材料

打好排水孔的金属盒子（直径 13 厘米、深 3.5 厘米）、金属丝（粗 0.9 毫米、长 50 厘米以上）、饼干模具 1 个、镊子、多肉植物用土、盛土器

多肉植物苗 2 份：景天属　龙血景天、景天属　薄雪

可以用锤子和钉子在盒底打孔

1　准备一个打好排水孔的金属盒子，向其中加入用土。

2　将用土轻轻压实，并将表面铺平。

3　将饼干模具垂直放入盒子，并调整位置。

量不要太大，才更方便种植

4　小心地去除龙血景天植株根部下部的土。

5　从龙血景天中取出适量小苗。

6　用镊子将龙血景天栽种在饼干模具中，位置从模具的一角开始，如图。

7 用用土将模具和龙血景天之间的缝隙填满。

8 用镊子调整龙血景天的位置，形成一个心形。

9 下面要种植薄雪，小心地去除薄雪植株根部下部的土。

10 从薄雪中取出适量小苗。

11 用镊子将薄雪栽种在金属盒子中，位置从金属盒子的一角开始，如图。

调整薄雪的高度，且要栽种得紧密一些

12 用用土将模具和薄雪之间的缝隙填满。

13 用镊子调整薄雪的位置，衬托出龙血景天的心形。

14 将金属丝弯折成英文单词或喜爱的形状，插在土里固定好。

注意

日后管理

推荐将栽种好的组盆小景放在阳面的室外。光照不足时，龙血景天叶片会褪色，因此一定要有充足的光照。一周浇水 1~2 次，推荐在上午一次性浇透。

例3

改造罐头盒中的"黑法师"

★★…简单

黑法师叶片色彩浓重，且容易栽培，
是初级多肉玩家也可以轻松驾驭的品种哦！
这次就让我们在 DIY 过的罐头盒子里，
栽种暗黑风的黑法师，打造浓浓的复古风吧。

A 莲花掌属　黑法师
B 伽蓝菜属　不死鸟
C 景天属　龙血景天
D 景天属　冬美人
E 长生草属　紫牡丹

尺 寸 直径 6.5 厘米 高 5.5 厘米

这次我们一起来做这个吧！

Ⓐ 莲花掌属　黑法师
Ⓑ 景天属　冬美人
Ⓒ 长生草属　紫牡丹
Ⓓ 青锁龙属　方鳞绿塔

尺 寸 直径 7 厘米、高 6 厘米

Ⓐ 莲花掌属　黑法师原始种
Ⓑ 伽蓝菜属　月兔耳
Ⓒ 景天属　旋叶姬星美人
Ⓓ 莲花掌属　黑法师
Ⓔ 青锁龙属　若绿

尺 寸 直径 8 厘米、高 11 厘米

67

所用材料

罐头盒子、牛仔布、托盘、剪刀、粗头笔、两面胶、海绵、硬纸卡、丙烯颜料（茶色、黑色）、长钉、锤子、多肉植物用土、盛土器

多肉植物苗4份：莲花掌属　黑法师、景天属　冬美人、长生草属　紫牡丹、青锁龙属　方鳞绿塔

1　如图，用粗头笔在牛仔布上画出罐头盒子的轮廓。并留出4厘米左右的多余布料。

2　沿着步骤1中画的线将牛仔布剪下，作为将要贴在罐头盒子上的布。

> 拽出一些线头，使得牛仔布更有韵味

3　将牛仔布边缘的线头拽出少许，营造随性复古感。

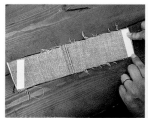

4　在牛仔布的两端各粘一条双面胶，注意左侧的双面胶稍微倾斜一些，如图。

5　将右侧双面胶的纸条取下。

6　如图，将牛仔布卷在罐头盒子上，注意卷的时候布料要平整。

7　将左侧双面胶取下贴好，在没有双面胶的布料正面贴好双面胶。

8　如图，将牛仔布料翻折过来贴好，制成装饰。

> 要调配出复古的颜色哦

9　在硬纸卡上取少量茶色和黑色丙烯颜料，并用海绵边缘混合，蘸取少量丙烯颜料。

10 如图，用海绵将颜料轻轻点擦在牛仔布上，打造复古感。

11 如图，在剩下的牛仔布上剪取如下形状，用来做口袋形状的补丁。

12 在做补丁的布料背面贴上双面胶，注意不要超出布料的大小。

13 将补丁布料用双面胶粘在靠近步骤 8 中做的小装饰附近，如图。

为防止被土堵实，适当将排水孔扩大

14 在罐头盒子的背面用长钉和锤子打出 4~5 个排水孔。

15 向罐头盒子内加入 1~2 厘米高的用土。

一边和植黑法师，一边将用土按压紧实

16 将黑法师苗栽种在盒子中。

17 将冬美人苗分成两株。

18 将冬美人与其他多肉植物分散开来搭配种植。

注意

日后管理

推荐将栽种好的组盆小景放在阳面的室外。一周浇水 1~2次，推荐在上午一次性浇透。夏季可以放在半日光的室外，冬季要放在光照充足的地方，且注意不要受到霜冻。

例 4

罐头盒子变身精致鸟笼

★ ★…简单

这次我们
一起来做
这个吧!

Ⓐ风车草属　胧月
Ⓑ景天属　丸叶黄金万年草
Ⓒ千里光属　蓝松
Ⓓ长生草属　紫牡丹
Ⓔ景天属　藤蔓万年草（日本
　常见多肉植物种类）
Ⓕ千里光属　佛珠锦
Ⓖ露草属　花蔓草

尺 寸　吊挂鸟笼尺寸：
　　　　高 28 厘米、宽 10 厘米
　　　　组盆尺寸：
　　　　直径 8.5 厘米、高 3.3 厘米

Ⓐ 风车草属　胧月
Ⓑ 景天属　龙血景天
Ⓒ 风车景天属　姬胧月
Ⓓ 千里光属　佛珠
Ⓔ 厚敦菊属　紫玄月
Ⓕ 厚叶草属　桃美人
Ⓖ 风车草属　姬秋丽

尺寸 **挂篮尺寸：**
高 28 厘米、宽 15 厘米
组盆尺寸：
直径 7.5 厘米、高 2.8 厘米

Ⓐ 青锁龙属　若绿
Ⓑ 景天属　春萌
Ⓒ 景天属　千佛手
Ⓓ 景天属　黄丽
Ⓔ 景天属　丸叶万年草
Ⓕ 景天属　景天三七
Ⓖ 景天属　冬美人

尺寸 **挂篮尺寸：**
高 28 厘米、宽 9 厘米
组盆尺寸：
直径 7.5 厘米、高 2.8 厘米

罐头盒子改造起来非常
简单，并且移动方便，
再搭配上可爱的小鸟笼
挂饰，可以将多肉植物
的可爱衬托得淋漓尽
致哦！

木材用黏着剂、黏着剂、丙烯颜料 2~3 色、罐头盒子（直径 8.5 厘米、高 3 厘米）、直尺、瓷砖黏缝剂、装饰用杂志、平头刷、海绵、剪刀、厚纸卡、钳子、金属丝（直径 0.9 毫米，长度参照下图）、细金属丝（直径 0.3 毫米、长 1 米左右）

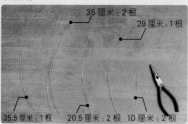

35 厘米：2 根
29 厘米：1 根
35.5 厘米：1 根　20.5 厘米：2 根　10 厘米：2 根

金属丝事先用钳子剪成图中长度

可以用吹风机加速风干

1 如图，用钳子将罐头盒子的边缘向内弯折，防止边缘伤手。

2 用平头刷在罐头盒子的表面和边缘涂上黏着剂，盒子边缘内侧也要涂，并放在通风处晾干。

3 接下来我们要制作鸟笼的底部。取 29 厘米的金属丝，用镊子将其两端如图弯折。

4 将金属丝两端的弯钩钩在一起，用钳子按在一起。

将金属丝的末端用钳子按扁

5 如图，用钳子将两根 10 厘米的金属丝十字交叉地扣在步骤 4 中做的金属圈上。

6 如图，同样用钳子将 35 厘米长的金属丝交叉在金属圈上，形成拱形。

7 如图，用钳子将 35.5 厘米的金属丝在拱形的 1/2 处按照步骤 3 的方式钩出圆圈。

8 再取步骤 7 中圆圈周长的 2.5 倍，卷在步骤 7 做好的圆圈上，并用金属丝固定。

9 再取 20.5 厘米长金属丝两根，以十字交叉的方式钩在步骤 8 做好的圆圈上，并用金属丝在中心处固定好。

10 取少量丙烯颜料和瓷砖黏缝剂混合。

11 步骤 2 的盒子表面的黏着剂风干后，在黏着剂表面涂上丙烯颜料。推荐色彩不均地进行涂色，打造复古质感。

12 如图，在金属丝交叉点上涂茶色丙烯颜料，打造生锈的复古风。

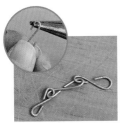

13 切取 3 厘米长的金属丝，弯折成如图形状并钩在一起。

14 取 7 厘米长的金属丝弯折成 S 形，再取 5 厘米长的金属丝弯折成 S 形，之后与步骤 13 中做好的金属丝连在一起，如图。

涂色时追求粗糙复古风

15 取浅绿色丙烯颜料，涂在步骤 11 中涂过茶色颜料的盒子上，放在通风处晾干。

16 从杂志中剪取喜欢的部分。

17 用木材用黏着剂涂在剪取的杂志背面，并稍稍晾干。

18 将剪取的杂志贴在风干的盒子上。

19 如图，将盒子放入之前制作的金属丝鸟笼，即完成制作。

种植材料

制作完成的鸟笼风花盆、筷子、镊子、轻酸盐白土、多肉植物用土、盛土器、托盘、U 形夹（可用剩余金属丝制作）

多肉植物苗 9 份：风车草属　胧月、景天属 春萌、千里光属　佛珠锦、景天属　丸叶黄金万年草、长生草属　紫牡丹、千里光属　蓝松、露草属　花蔓草、景天属　锦晃星、景天属　蔓本万年草

1 在罐头盒子中放入一层轻酸盐白土并铺匀，之后放入 1 厘米左右深的用土。

2 将多肉植物栽种在盒子中，注意小叶的植物要分成小份，再按份种植到土中。

3 将下垂的多肉植物用 U 形夹固定好，最后将整个盒子放到自制鸟笼中。

注意

日后管理

推荐将栽种好的组盆小景放在阳面的室外。春秋季节每周浇水 1~2 次，也可在多肉植物的表面出现细微细纹时，在上午一次性浇透水。夏季可以放在半日光的室外，冬季要放在光照充足的位置，且注意不要受到霜冻。

73

例 5

遮阳篷下的小房子

★ ★ ★ … 挑战一下

Ⓐ 伽蓝菜属　不死鸟
Ⓑ 景天属　薄化妆
Ⓒ 银波锦属　福娘
Ⓓ 景天属　小球玫瑰锦
Ⓔ 风车草属　胧月
Ⓕ 景天属　景天三七
Ⓖ 千里光属　紫蛮刀
Ⓗ 千里光属　蓝松
Ⓘ 千里光属　十字佛珠

尺　寸　20.5厘米×11厘米、高28厘米
　种植部分：
　18厘米×8.5厘米、高7厘米

这次我们要用一枚小小的塑料瓦片和木材来制作一个满是多肉植物的迷你阳台，塑料瓦片的颜色可以根据想要放置的地点和想要栽种的多肉植物进行选择。

这次我们一起来做这个吧!

Ⓐ景天属　景天三七
Ⓑ马齿苋属　雅乐之舞
Ⓒ景天属　长颈景天锦
Ⓓ景天属　小球玫瑰锦
Ⓔ厚敦菊属　紫玄月
Ⓕ景天属　参宿
Ⓖ景天属　蓝塔松
Ⓗ风车景天属　秋丽
Ⓘ拟石莲花属　花筏
Ⓙ吊灯花属　爱之蔓
Ⓚ露草属　花蔓草

🔲尺 寸 20.5厘米×11厘米、高28厘米
种植部分：
18厘米×8.5厘米、高7厘米

Ⓐ伽蓝菜属　月兔耳
Ⓑ景天属　若绿
Ⓒ莲花掌属　黑法师
Ⓓ厚叶草属　桃美人
Ⓔ景天属　龙血景天
Ⓕ景天属　黄丽
Ⓖ露草属　花蔓草
Ⓗ景天属　冬美人

🔲尺 寸 20.5厘米×11厘米、高28厘米
种植部分：
18厘米×8.5厘米、高7厘米

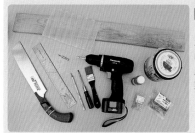

所用材料

木板（180 厘米 ×8.5 厘米，厚 1.2 厘米）、锯条、直尺、铅笔、电钻、平头刷、丙烯颜料（蓝色）、防水涂料、木用钉子（3.3 厘米 ×30 厘米）20 个、木用钉子（3 厘米 ×10 厘米）4 个、塑料瓦片（23 厘米 ×13 厘米）

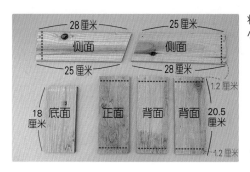

将木板分切成左图中大小尺寸的木板。

● 打孔位置

····· 辅助线

1 参考上方照片中尺寸，在木板上用铅笔做标记。

2 选取一个稳固的地点来切木板。

3 确定钉子的位置后，在将要连接的木板位置上用铅笔做标记，如图。

4 用电钻在标记的位置打孔。

5 将侧面的木板和底面的木板放在一起，用电钻将钉子钉入木板，如图。

6 左右两侧都按这个方法，制成如图形状。

7 用同样的方法，将盖子和背后的木板也钉好，如图。

8 最后钉正面的木板，之后可以在底部打若干排水孔，如图。

可以在下面垫上
报纸防止弄脏桌
面哦

9　将一块木板倾斜钉
　　在木箱后部进行加
　　固，如图。

10　在塑料瓦片的一面
　　涂上蓝色丙烯颜料，
　　并放在通风处风干。

11　从内侧的底部开始，
　　给木箱涂上防水涂料。

12　木箱的里侧、外侧各
　　个部分都要涂，包括
　　木板较厚的部分也
　　要涂。

13　塑料瓦片风干后，在
　　左右两边各标记出
　　两个打孔点，如图。

14　将步骤13中画的4
　　个打孔点穿透。

15　用钉子通过步骤14
　　中打的孔，将塑料瓦
　　片钉在木箱上。

16　遮阳篷下的小房子就
　　做好了。

种植材料　制作完成的遮阳篷小房子、筷子、镊子、沸石、
剪刀、塑料袋、多肉植物用土、盛土器、托盘

多肉植物苗8份：伽蓝菜属　　月兔耳、景天属
若绿、莲花掌属　黑法师、厚叶草属　桃美人、
景天属　龙血景天、厚敦菊属　紫玄月、景天
属　薄雪万年草、露草属　花蔓草

1　将塑料垫在木箱内
　　侧，并在箱底铺上1
　　厘米左右深的沸石。

2　放入深度为木箱一
　　半的用土，将多肉植
　　物栽种在盒子中，再
　　用用土填满植株和
　　木箱之间的缝隙。

3　用木箱下部轻轻磕
　　碰桌面，使植株和
　　用土都稳定下落，出
　　现空隙后，再用土
　　填满。

例 6

圣诞节的
桌面花环

★★…简单

Ⓐ 景天属　虹之玉
Ⓑ 景天属　大唐米

尺寸 托盘尺寸：
　　　直径 8.5 厘米、高 1.6 厘米

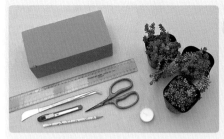

所用材料

插花用吸水海绵、直尺、剪刀、裁纸刀、铅笔、香薰蜡烛1个

多肉植物苗2份：景天属　虹之玉、景天属　大唐米

1　在吸水海绵上标出1.6厘米左右的厚度，用裁纸刀切取下来。

2　将香薰蜡烛放在步骤1中切下的吸水海绵上，用铅笔描画出其外缘。

3　如图，在香薰蜡烛外缘的标记外，再画出比香薰蜡烛半径长3厘米的圆环。

4　如图，将香薰蜡烛大小的内圆切取下来。

除去边缘部会更美观

5　用裁纸刀调整切取后吸水海绵的内壁，制成可以放入香薰蜡烛的大小，如图。

6　把香薰蜡烛嵌入海绵中。

7　将吸水海绵整体的边角切掉，使其变成平面，如图。

8　如图，将香薰蜡烛一面朝上放置。

9　切取多肉植物顶端的小苗，留出7~8毫米的秆。

10　首先插种虹之玉，要调整疏密程度，注意搭配美观。

11　接下来用大唐米将整个吸水海绵正面填满，即完成制作。

注意

日后管理

推荐将栽种好的组盆小景放在阳面的室外。10天之后进行第一次浇水，栽种后立刻浇水的话容易发生腐烂。一周浇水1~2次，推荐在上午一次性浇透水。当植株长得过大时要及时进行修剪，或者移栽到其他花盆中培育。

例 7

小小多肉圣诞树

★ ★ ···简单

Ⓐ 景天属　龙血景天
Ⓑ 景天属　冬美人
Ⓒ 景天属　景天三七

尺寸 托盘尺寸：
直径 8.5 厘米，高 1.6 厘米

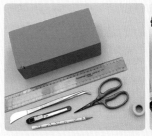

所用材料

插花用吸水海绵、直尺、剪刀、镊子、裁纸刀、铅笔、标记胶带、五角星装饰

多肉植物苗 3 份：景天属　龙血景天、景天属　冬美人、景天属　景天三七

1 在吸水海绵的一端标出 5 厘米左右的长方体，如图。

2 用裁纸刀切取下步骤 1 中标记的部分。

3 如图，连接长方体的上底的对角线，以对角线交叉处为圆心，画一个直径为 1 厘米的圆。

4 如图，将吸水海绵上底的四角切下来，再慢慢削成圆形。

5 接下来用裁纸刀将吸水海绵的下部也调整成圆形，如图。

6 将吸水海绵削成一个上底为 1 厘米的圆锥体，如图。

7 用标记胶带如图缠绕一周。

8 切取 2~3 厘米的顶端多肉植物苗，留出 7~8 毫米的插种茎。

重新插种会留下插孔，因此尽量不要改动植株位置哦

9 用镊子沿着胶带插种多肉植物，要插深一些，且尽量不要改动进行二次插种。

10 插满一周后取下胶带，沿着插好的多肉植物接着插种其他多肉植物。

11 将整个吸水海绵填满之后，在顶端插上五角星装饰，即完成制作。

注意

日后管理

推荐将栽种好的组盆小景放在阳面的室外。10 天之后进行第一次浇水，栽种后立刻浇水的话容易发生腐烂。一周浇水 1~2 次，推荐在上午一次性浇透水。当植株长得过大时要及时进行修剪，或者移栽到其他花盆中培育。

例 8

圣诞节甜点
——迷你多肉拼盘

★…入门

Ⓐ景天属　虹之玉
Ⓑ景天属　大唐米
Ⓒ景天属　酷勒

尺寸 **托盘尺寸：**
　　　直径5厘米、高 2.3 厘米

金属丝（0.55厘米×15厘米）、插花用吸水海绵、迷你塑料串珠、五角星形模具、直尺、剪刀、镊子、裁纸刀、铅笔

多肉植物苗3份：景天属 虹之玉、景天属 大唐米、景天属 酷勒

1 用直尺测量模具的高度，本例中所用模具高为2.3厘米。

2 用铅笔标记厚度为2.3厘米的海绵，再用裁纸刀切取下来。

3 用五角星形模具抠取海绵，作为多肉植物栽种基台，如图。

4 剪取顶端多肉植物2厘米左右，并留出5毫米左右的插种茎。

一定要将边角的位置遮盖起来哦

5 在吸水海绵的中心部分栽种大唐米，在五角星的边角处栽种酷勒，如图。

6 将虹之玉作为点缀，插种在五角星的中心，最后调整整个组盆的搭配。

7 将迷你串珠穿在金属丝上，并将金属丝拧成如图形状。

8 将制作好的金属丝串珠作为点缀插好，即完成制作。

注意

日后管理

推荐将栽种好的组盆小景放在阳面的室外。10天之后进行第一次浇水，栽种后立刻浇水的话容易发生腐烂。一周浇水1~2次，推荐在上午一次性浇透水。当植株长得过大时要及时进行修剪，或者移栽到其他花盆中培育。

例9

圣诞节多肉茶杯蛋糕

★…入门

日后管理

推荐将栽种好的组盆小景放在阳面的室外。每周浇水 1~2 次，在上午用喷壶喷少量的水。当植株长得过大时要及时进行修剪，或者移栽到其他花盆中培育。

Ⓐ风车景天属　秋丽
Ⓑ景天属　黄金万年草

尺寸 直径 6 厘米、高 2 厘米

所用材料

茶杯蛋糕模具、风干果子、镊子、沸石、多肉植物用土、盛土器

多肉植物苗 2 份：风车景天属 秋丽、景天属　黄金万年草

将植株较低的景天属多肉植物分成小份栽种

1 在茶杯蛋糕模具中放入一层沸石并铺匀，之后放入 1 厘米左右深的用土。

2 用镊子将多肉植物栽种在茶杯蛋糕模具中，注意小叶的植物要分成小份栽种。

3 将秋丽插种在茶杯蛋糕模具的中心。

4 将风干果子作为点缀，插种在茶杯蛋糕模具中，最后调整整个组盆的搭配。

第 4 章

多肉植物图鉴

●本图鉴使用方法

这一章我们将介绍非常适合在
多肉微景观中发挥魅力的多肉
植物。
本章会按照多肉植物的属来进
行介绍，内容中总结了各个属
的多肉植物的光照强度、浇水
频率的部分，可以作为栽种和
养护多肉植物的有力参考。
现在就让我们来看看丰富多彩
的多肉植物吧!

●数据阅读方法推荐：

多肉植物的生长繁殖 请参考 108—110 页
浇水频率 根据季节会有各自的变化。

除了本书介绍的例子，我们还可以利用更多的
多肉植物进行无限创意。多肉微景观分为 5 个
部分，可以参考下图创作可爱的多肉微景
观哦!

高植株

点缀用植株

中心植株

护盆植株

垂条植株

莲花掌属
Aeonium

科名：景天属

繁殖期：冬季

浇水频度：秋、冬、春季每周1次，
夏季每月1次

➡ 黑法师 　中心植株　 高植株

黑法师叶片为深紫色甚至紫黑色，独特而神秘。
光照不足时，黑法师会出现徒长、叶片颜色变浅
的情况，且黑法师不喜高温潮湿的环境，因此要
置于光照强、通风好的环境。

繁殖方式：扦插、分株

⬅ 映日辉 　中心植株

映日辉植株偏小，新叶是黄色的，绿叶的边缘呈
锯齿状，且为粉色。映日辉夏季进入休眠状态，
适合放在凉爽处，且要控制浇水量。

繁殖方式：扦插、分株

露草属
Aptenia

科名：番杏科

繁殖期：夏季

浇水频度：春、夏、秋季每周2~3次，
冬季每月1次

➡ 花蔓草 　点缀用植株　 垂条植株

花蔓草叶片多汁，颜色翠绿，且锦化花蔓草有斑纹，初夏
到秋季会开出粉色的小花。花蔓草生命力极强，非常适
合用作绿化。但花蔓草不耐寒，因此冬季要注意保暖。

繁殖方式：扦插、分株

拟石莲花属
Echeveria

科名：景天属　景天三七科	
繁殖期：春秋型	
浇水频度：春、秋季每周1次， 夏季3周1次，冬季每月1次	

⊙ 白牡丹 `中心植株`

白牡丹叶片饱满圆润，整体呈浅青色且有白霜，尖端呈粉色。光照不足时，白牡丹会出现徒长，因此要置于光照强、通风好的环境。白牡丹在春、夏两季会伸出小花藤，开出黄色小花。

繁殖方式：叶插、分株

⊙ 特玉莲 `中心植株`

特玉莲呈白青色，会从根部生出分株。当特玉莲叶片有细微的细纹时，要进行浇水。在夏、秋两季，特玉莲会生出花枝，开出橙色小花。特玉莲不耐高温，长时间处于高温环境会导致叶片容易受伤，要控制浇水量。

繁殖方式：叶插、分株

⊙ 女雏 `点缀用植株`

女雏叶片尖端在晚秋时期会变成粉红色，分外惹人爱怜。春季女雏会生出花枝，开出黄色的小花。女雏易分株，因此可以不时进行分株移栽。光照不足时，女雏会出现徒长，且女雏不喜高温潮湿的环境，因此要置于光照好、通风、凉爽的环境。女雏生命力很强，因此适合新手栽培，但女雏不耐寒，因此要避免低温。

繁殖方式：叶插、分株

厚敦菊属
Othonna

科名：菊科

繁殖期：冬季

浇水频度：秋、冬、春季每周 1 次，
夏季每月 1 次

➲ 紫玄月　　　　垂条植株

紫玄月叶片呈红色或紫色，是垂条型多
肉植物。紫玄月在春、秋两季会开出黄色
的小花，与叶片颜色形成对比，非常惹人
喜爱。紫玄月在我国南方可以放在室外
过冬，是生命力很强的品种。紫玄月别名
也称紫月，有细叶和丸叶等分类。

繁殖方式：扦插、分株

紫玄月花朵

瓦松属
Orostachys

科名：景天属

繁殖期：夏季

浇水频度：春、夏、秋季每周 1 次，
冬季每月 1~2 次

➲ 子持莲华　　　　点缀用植株

子持莲华外形好似一朵朵小玫瑰，浪漫可爱。子
持莲华易生出分枝，每条枝上都带有子株，只要
将子株剪下继续栽种即可。子持莲华不喜高温多
湿的环境，光照不足时，子持莲华会出现徒长，因
此要置于半日光的通风凉爽处。冬季子持莲华的
叶片会枯萎，进入休眠状态，但是春季又会发出许
多新芽，因此可不要误以为它已经死了就扔掉哦!

繁殖方式：扦插、分株

伽蓝菜属
Kalanchoe

科名：景天属

繁殖期：夏季

浇水频度：春、秋季每周 1~2 次，
夏季每月 1~2 次，冬季断水

⊙ 不死鸟　　`点缀用植株`　`高植株`

不死鸟植株可以长至 30 厘米高，叶片颜色深，
花纹别致，叶子的边缘会生出一串串新芽，宛如
蕾丝，美丽动人，非常适合组盆，营造复古风。
不死鸟不喜多湿环境，因此要置于通风无雨处。
不死鸟会在秋季开出红色的小花，叶片边缘的小
植株落地即可生根，也可通过扦插的方式繁殖。
不死鸟不耐寒，低温环境下会化水，因此要避免
低温。

繁殖方式：叶插、扦插、分株

⊙ 月兔耳　　`点缀用植株`　`高植株`

月兔耳叶片形状宛如兔耳，且表面覆有白色绒毛，
深受多肉玩家喜爱。月兔耳边缘的深色斑点也同
样令人喜爱。月兔耳不耐高温潮湿，但是对于寒
冷抵抗力较强。由于叶片不耐闷热高温，月兔耳
要在通风良好处进行栽培，同时要控制浇水量。
由于月兔耳叶片质感独特，用作组盆会给微景观
添加一番别致的韵味。

繁殖方式：叶插、扦插、分株

⊙ 白银之舞　　`点缀用植株`

白银之舞正如其名，叶片上有一层薄薄的白粉，
与青色的叶片相互衬托成银色。白银之舞的花期
为春季，会开出动人的粉色小花，与白银色的叶
片相映成趣。但是白银之舞长高后会略显凌乱，
因此要经常修剪维护，且在修剪的切口处白银之
舞会生出更多的枝芽。白银之舞不耐高温，因此
夏季要置于阴凉处。我国南方部分地区可以在室
外越冬，但北方温度过低，不可在室外越冬。白
银之舞冬季叶片会稍稍变红或者变紫。

繁殖方式：扦插、分株

青锁龙属
Crassula

科名：景天属

繁殖期：夏季、冬季、春季

浇水频度：夏、冬、春季每1~2周1次，休眠期尽量控制浇水量

➡ 若绿 高植株

若绿叶片宛如细小密集的鳞片，植株细长向上生长，会形成独具特色的形状。若绿的繁殖期在春秋两季，由于若绿生长较快，可以定期修剪过高的植株，且从修剪处又会萌生出新芽。若绿耐旱性强，因此不要放在会淋雨的室外，要放在阳光足、通风好的位置。若绿不耐寒，因此要防止霜冻和冻结等。

繁殖方式：扦插、分株

➡ 粉红十字星锦 护盆植株

粉红十字星锦叶片细小精致，有着白色的边缘和蕾丝般的粉色轮廓。粉红十字星锦易生长，可定期进行修剪。粉红十字星锦不耐潮湿高温，因此应置于光照足、不淋雨且通风好的室外。粉红十字星锦繁殖期为春秋两季，冬季要注意防冻。

繁殖方式：扦插、分株

➡ 筒叶菊 高植株

筒叶菊叶片尖端向上，造型独特，长成之后形状似矮木本花。筒叶菊生长迅速，可以适当进行修剪，这样在修剪后会生出更多分枝，使得整个植株扩大成球状。筒叶菊繁殖期在夏季，对高温、低温耐性都好，生命力极强，可放在光照足、通风好的室外栽培，培育难度低，适合新手。

繁殖方式：扦插、分株

⊖ 绒针

高植株

绒针叶面生有一层白色绒毛，十分蓬松可爱。绒针不耐潮湿高温，因此应置于光照足、不淋雨且通风好的室外，要适当控制浇水量，而冬季则要注意防冻。繁殖期为春秋两季。

繁殖方式：扦插、分株

⊕ 长颈景天锦

点缀用植株

长颈景天锦又叫彩凤凰，茎秆为红色，而叶片为黄绿相间，叶片的边缘又呈粉色，观赏价值很高。长颈景天锦繁殖期在夏季，对高温、低温耐性都好，生命力极强，可放在光照足、通风好的室外栽培，培育难度低，适合新手。长颈景天锦生长迅速，可以适当进行修剪，这样在修剪后会生出更多分枝，剪下的部分也可用作扦插。

繁殖方式：扦插、分株

⊕ 姬花月

点缀用植株

姬花月是花月类多肉植物的小型成员，叶片上有少量的白色霜粉，冬季叶片的尖端会变为红色，十分美丽。姬花月繁殖期在夏季，对高温、低温耐性都好，生命力强，可放在明亮的窗边或通风好的室外栽培，培育难度低，适合新手，需要注意的是不要过量浇水。

繁殖方式：扦插、分株

⊕ 火祭

点缀用植株

火祭秋季会开出如玉般白色的花朵，而冬季叶片会全部变成红色。只要对火祭进行修剪，即可在修剪处又生出新芽。火祭的繁殖期是春秋两季。火祭对于高温和低温的耐性都较强，对水量需求不大，是生命力较强的品种，适合新手栽培。

繁殖方式：扦插、分株

⊕ 红稚儿

点缀用植株

红稚儿叶片从秋季开始变红，到冬季变成全红，花朵为白色的可爱小花。红稚儿繁殖期为夏季，对于高温和低温的耐性都较强，对水量需求不大，是生命力较强的品种。可放在光照足、通风好的室外培育。

繁殖方式：扦插、分株

风车景天属
Graptosedum

科名：景天属

繁殖期：春秋型

浇水频度：春、夏、秋季每2周1次，冬季每月1次

➡ 姬胧月 　　　　　点缀用植株

姬胧月通年呈茶红色，光照不足时，会出现徒长、叶片颜色变浅的情况，且不喜高温潮湿的环境，因此想要获得艳丽的颜色，要将姬胧月置于光照强、通风好的环境。姬胧月生命力旺盛，繁殖简单，适合新手栽培。

繁殖方式：扦插、分株、叶插

⬅ 秋丽 　　　　　中心植株

秋丽叶片上的薄霜，使得植株看起来如烟似雾，且温度下降时，叶片会变成橙色，更加有韵味。秋丽对于高温和低温的耐性都较强，是生命力较强的品种。可放在光照足、通风好的室外培育，春季会开出黄色的小花。

繁殖方式：扦插、分株、叶插

风车石莲属
Graptoveria

科名：景天属

繁殖期：春秋型

浇水频度：春、夏、秋季每2周1次，冬季每月1次

➡ 黛比 　　　　　中心植株

黛比通年呈粉紫色，加之植株形状似花，非常艳丽。但是黛比也容易生病生虫害，这点要注意。光照充足的情况下，黛比叶片会更加紧凑，观赏价值更高，潮湿的情况下则易腐烂，因此要放在光照足、通风好的室外进行培育。

繁殖方式：扦插、分株、叶插

风车草属
Graptopetalum

科名：景天属

繁殖期：春秋型

浇水频度：春、夏、秋季每2周1次，
　　　　　　冬季每月1次

➲ 胧月　　　　　　中心植株

胧月叶片呈淡粉色，有薄霜，营造出一种朦胧的
氛围。且胧月植株形状很像花朵，春季会生出花
茎，开出白色星形小花。

繁殖方式：扦插、分株、叶插

景天属
Sedum

科名：景天属

繁殖期：春秋型

浇水频度：春、夏、秋季每2周1次，
　　　　　　冬季每月1次

➊ 龙血景天　　　　点缀用植株

龙血景天又称小球玫瑰，通年呈赤铜色，秋季开
始色彩越来越深，直至变成紫红色。龙血景天对
于高温和低温的耐性都较强，生命力较强，但冬
季会略微变小。可放在光照足、通风好的室外培
育，春季会开出黄色的小花。但是需要注意，龙
血景天容易生病害虫，要及时发现并治疗。

繁殖方式：扦插、分株

➊ 球松（紫色）　　护盆植株

球松叶片呈青绿色，温度下降时呈现紫色。不耐
高温潮湿，因此适合养在半日光且通风良好的室
外。初夏球松会开出很多白色的小花。

繁殖方式：分株、扦插、播种

➊ 薄雪　　　　　　护盆植株

薄雪颜色呈翠绿色，生命力较强，容易栽培。但
不耐高温潮湿，因此适合养在半日光且通风良好
的室外。初夏薄雪会开出很多白色的小花。

繁殖方式：分株、扦插、播种

景天属 *Sedum*

旋叶姬星美人（紫）

↑ 旋叶姬星美人　护盆植株

旋叶姬星美人看上去枝条细弱，叶片又呈雾蓝色，给人一种娇弱的感觉，但是实际上却是非常容易栽培的品种，初夏会开出浅粉色的小花。但旋叶姬星美人不耐高温多湿，尤其梅雨季节时，需要放在通风处栽培。紫色旋叶姬星美人是旋叶姬星美人的加大版本，秋季开始到冬季会变为紫色。

繁殖方式：扦插、分株、播种

↓ 佛甲草　护盆植株

佛甲草叶片为明亮的绿色，初夏会开出黄色的花朵，建议花开败后，将花茎剪下。佛甲草喜日光，但也可在半日光处栽培。佛甲草对于高温和低温的耐性都较强，生命力较强，繁殖简单。

繁殖方式：扦插、分株、播种

↑ 小球玫瑰锦　点缀用植株

小球玫瑰锦以粉色花边为特点，且气温越低，粉色越艳丽，气温越高，白色部分越突出。小球玫瑰锦易长高，要适时修剪。小球玫瑰锦耐旱，且对于高温和低温的耐性都较强，生命力较强，但冬季会略微变小。

繁殖方式：扦插、分株

↑ 黄金万年草　护盆植株

黄金万年草叶片细小，呈荧光黄色，生命力强，易繁殖，非常适合摆放在明亮的场所。但黄金万年草不耐高温多湿，需要放在通风处栽培，切勿频繁浇水。

繁殖方式：扦插、分株、播种

← 可乐万年草　护盆植株

可乐万年草有着可爱的迷你叶片，春季植株呈浓绿色，变冷之后渐渐变成红叶。光照不足时，可乐万年草会出现徒长、叶片颜色变浅的情况，且其不喜高温潮湿的环境，因此要将可乐万年草置于光照强、通风好的环境进行培育，同时注意不要频繁浇水。

繁殖方式：扦插、分株、播种

⬆ 黄丽
点缀用植株

黄丽,又称月之王子,叶片饱满,且尖端呈黄绿色,属大型景天属多肉植物。黄丽生长迅速,易于栽培、繁殖。不耐寒,但是温度降低时,叶片尖端会变成红色。黄丽在直射阳光下会晒伤,因此要放在半日光处栽培,同时注意不要浇水过量。

繁殖方式:扦插、分株

⬅ 垂盆草
点缀植株　垂条植株

垂盆草除了可以挂起来观赏其长长垂下的枝条,还可以作为铺地草使用。垂盆草的枝条在冬季会枯萎,但是植株根部仍保有芽点,春天会萌发出如玫瑰般小小的枝芽。垂盆草喜日照,应置于光照充足处栽培。

繁殖方式:扦插、分株

⬇ 欧若拉 ①
点缀用植株

欧若拉夏季呈浅绿色,冬季会装点上淡淡的粉色,春季会开出黄色的小花。光照不足时,欧若拉会出现徒长的情况,欧若拉在直射阳光下会晒伤,因此要放在半日光的通风处栽培。

繁殖方式:扦插、分株、叶插

① 国内"欧若拉"普遍指十二卷属的一种多肉植物,这里的"欧若拉"是日本一种常见多肉植物,"欧若拉"为日语名字的音译。

⬇ 松之绿
点缀用植株

松之绿叶片饱满,整体呈花朵状,是景天属中的大型植株,直径可达5厘米,植株散发出与松脂相近的芳香,春季会开出粉色的花。随着温度降低,松之绿的叶片会变为茶红色。松之绿生长缓慢,且不耐湿热,要放在通风处栽培。

繁殖方式:扦插、分株、叶插

丸叶万年草

⬆ 丸叶万年草锦
护盆植株　垂条植株

丸叶万年草锦,又称万年草白覆轮,叶片形状与丸叶万年草相似,但是叶片外缘为白色,初夏会开出黄色的小花。除了作为垂条式植株组盆,丸叶万年草锦还可用作铺地草。丸叶万年草锦对于高温和低温的耐性都较强,生命力较强,繁殖简单。

繁殖方式:扦插、分株

景天属 *Sedum*

⬆ 酷勒

酷勒最吸引人的一个特点就是它尖端黄白色的小嫩芽，光照不充足时会变成绿色。酷勒生长迅速，所以要定期进行修剪。酷勒有一定的耐寒性，但是不耐高温湿热，因此夏季养护要注意。

繁殖方式：扦插、分株、播种

⬆ 大唐米

大唐米叶片小巧饱满，初夏会开出黄色小花，十分可爱。大唐米光照不足时，会出现徒长的情况，因此要放在光照充足处栽培。大唐米耐寒性强，且对于高温和低温的耐性都较强，生命力较强，繁殖简单，但不耐湿热。

繁殖方式：扦插、分株、播种

⬅ 春萌

春萌叶片饱满，呈翠绿色，春季会开出白色有香味的小花。春萌生长迅速，且对于高温和低温的耐性都较强。光照不足时，会出现徒长的情况，但在直射阳光下又会晒伤，因此要放在半日光的通风处栽培。

繁殖方式：扦插、分株

⬆ 虹之玉

虹之玉拥有晶莹剔透的饱满叶片，冬季叶片会变为红色，非常美丽。光照不足时，虹之玉会出现徒长的情况，另外虹之玉不耐高温湿热，因此要在光照充足、通风良好处栽培。且虹之玉有一定的耐寒性，只要不结冰，即可一直置于室外。

繁殖方式：扦插、分株、叶插

⬇ 新玉缀

新玉缀有着圆滚滚的叶片，能长到1厘米左右大小。在任意位置剪下，剪取的部分都可以进行扦插。新玉缀的耐热性强，但耐寒性较弱，春季到秋季要置于阳光充足处进行栽培。

繁殖方式：扦插、分株、叶插

⬇ 冬美人

冬美人叶片娇小，且覆盖着一层白霜，春季到秋季通常都是灰绿色的。冬季叶片会变成中心白色、周围呈紫色。冬美人不耐高温湿热，因此要在光照充足、通风良好处栽培。从进入梅雨季节开始到秋季，浇水要在傍晚进行。

繁殖方式：扦插、分株

千里光属
Senecio

科名：菊科	
繁殖期：春秋型、冬季	
浇水频度：春、夏、秋季每周1次，冬季3周1次	

➡ 佛珠 `垂条植株`

佛珠呈球状，看起来像一串佛珠，同时又很可爱，春季会开出白色的小花，散发着独特的魅力。在佛珠的表面出现细微纹理时，在上午一次性浇透水。当肥料供给不足时，佛珠会出现叶片变黄、变小等状况。因此要定期进行肥料补充。

繁殖方式：扦插、分株、叶插

佛珠锦

吊灯花属
Ceropegia

科名：萝藦科	
繁殖期：夏季	
浇水频度：春、秋季每周1次，夏、冬季每月1次	

➡ 爱之蔓 `垂条植株`

爱之蔓叶片为心形，枝条可以生长到1米以上，开花时为不明显的壶形小花。冬季温度在5摄氏度以上的话可以越冬，但仍推荐室内越冬。在直射阳光下又会晒伤，因此要放在半日光的通风处栽培。同时爱之蔓不耐湿，因此不要浇水过于频繁。

繁殖方式：分株

长生草属
Sempervivum

科名：景天属	
繁殖期：冬季	
浇水频度：春、秋季每周1次，夏、冬季每月1次	

➡ 凌娟 `中心植株`

凌娟叶片尖端呈红色，具有一定耐寒性，但不耐高温多湿。因此夏季要放在淋不到雨且通风良好的屋檐下，同时控制浇水量。当植株四周生出小株时，可以移栽到别的盆里。

繁殖方式：分株

十二卷属
Haworthia

科名：百合科

繁殖期：春秋型

浇水频度：春、秋季每周1次，
夏季每2周1次，冬季每月1次

➡ 宝草　　　　　　　　中心植株

宝草植株叶片饱满水润，因需半阴的环境，可在室内的窗边栽培。夏季和冬季是宝草的休眠期，要尽量少浇水。冬季要保持温度在5摄氏度以上，当植株四周生出小株时，可以移栽到别的盆里。

繁殖方式：分株

厚叶草属
Pachyphytum

科名：景天属

繁殖期：春秋型

浇水频度：春、秋季每周1次，夏、冬季每月1次

➡ 桃美人　　　　　　　中心植株

桃美人叶片圆润，且呈粉紫色，要放在日光足、通风好的位置进行栽培。特别需要注意的是桃美人浇水不能浇到叶片上，要用植株根部浇水。桃美人生长速度较慢，但可以通过叶插进行繁殖，过程简单。桃美人不耐高温湿热，因此夏季要进行控水通风。

繁殖方式：扦插、分株、叶插

马齿苋属
Portulacaria

科名：马齿苋科

繁殖期：夏季

浇水频度：春、夏、秋季每周1次，冬季每月1次

➡ 雅乐之舞　　　点缀用植株　高植株

雅乐之舞植株呈树木状，有着带有白花的绿叶，秋季绿叶会变红。雅乐之舞耐高温，因此要放在光照足、通风好的位置。雅乐之舞不耐寒，遭霜冻后叶片会受伤，因此冬季要拿到室内。

繁殖方式：扦插、分株

第 5 章

好用的多肉微景观工具
及其使用方法
与多肉植物培育方法

本章要介绍制作多肉微景观时
方便好用的 DIY 用具，
同时总结了这些用具的使用方法。
此外，还介绍了一些实用的
多肉植物培育技巧。

多肉微景观工具推荐

这里介绍一些在栽种微型盆栽时得心应手的小工具

装饰用沙砾石子经常用于庭院木箱等组盆小景，用来遮盖用土。

装饰用沙砾石子

白色和茶色的装饰用沙砾石子非常百搭，可以用来盖住用土，打造漂亮的花盆。

勺子

可以用来向狭小处放用土或其他材料，用来铺放装饰用沙砾石子也非常方便。

勺子可以用来向狭小处加入沸石或装饰用沙砾石子。

沸石

可以净化水质，防止根系腐烂。适合底部没有孔的容器使用。轻酸盐白土也有同样的效果。

筷子可以用来填满植株根部之间的缝隙，也可以用来在塑料袋上穿孔。

筷子

筷子可以用来压实边角缝隙之间的土。

种植迷你多肉植物苗，或者在狭小的位置栽种多肉植物苗时，镊子是必不可少的工具。

镊子

用来种植迷你多肉植物时必不可少的工具，也可以用作扦插、栽培管理。

盛土器

将用土放进容器中时必不可少的工具，小型盛土器有时也意外地好用。

向容器中加用土时，盛土器会变得意外好用。

凝固型用土

凝固型用土是日本园艺手作中常见的材料，凝固型用土遇水后会粘连。凝固型用土多用于壁挂式或倾斜式盆栽，让这些场合也能随心所欲地栽种盆栽。

1 将凝固型用土放入容器中，加入少量的水后，戴上手套将水与用土混合，用土即会变黏软。

2 将混合好的凝固型用土装入容器中，并轻轻抚平表面。

3 用镊子夹取多肉植物苗，深深插种在凝固型用土中。

4 将多肉植物苗密集一些栽种，看起来更有欣欣向荣的感觉。

塑料管里的水苔种植

在水分补给较困难或狭小的空间种植多肉植物时，水苔就成了一种非常便利的材料。使用之前先在水中浸泡30分钟，之后轻轻拧干多余水分。

1 剪取插种苗的一个要领就是要剪去多肉植物苗的顶端，且留出要插种的长度。

2 取下插种苗下半部的叶片，之后用水苔将其包裹起来。

3 包裹好后，用镊子夹住植株。

4 将包有水苔的植株下部插入塑料管内。

5 用同样的方法将整个塑料管插满。

DIY 入门
便利工具

超级方便实用的 DIY 工具，
在手工店和淘宝店就可以超容易地买到哦！

工具、
金属器具等

平头刷

尼龙材质的平头刷，推荐宽幅 2 厘米的规格，可以用来涂黏着剂和丙烯颜料。

钳子

选用末端较尖的钳子，可以用于切断或弯折金属丝。

海绵

用洗碗用的海绵就可以，切成合理的大小之后可以用于混合颜料，并通过粗糙地涂色打造复古风。

金属丝

表面带有喷漆的金属丝，不易生锈，且软硬度适中，非常好用。

软木板

表面粗糙的软木板非常适合打造复古风，软木板的粗糙度有粗、中、细之分，可以根据自己的需要进行选择。

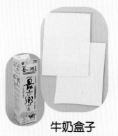

牛奶盒子

将牛奶盒子洗净剪开，可以用来蘸取颜料，同时也可以用作盛砂浆的模型。

涂料

黑板涂料

涂好颜料之后就可以变成黑板材质，可以用粉笔写字，而且价格很低，容易入手。

丙烯颜料

只要简单涂色，即可使风格大大改变。丙烯颜料为水性，风干速度快，且有一定的防水性，是非常实用的颜料。

布料、麻绳

麻布

用来装谷物的麻布，除了回收再利用，还可以在园艺店买到。

彩色麻绳

在小商店就可以买到的彩色麻绳，非常实用。

102

DIY 入门
基本操作技巧

好多容器只要稍作改动，就会有彻底的风格改变，
这里我们就来看一些超有效果的 DIY 技巧。

黑板涂料涂抹

可以涂抹在任何材质上，非常便利的涂料。

→ P24、26、48

1 用干燥的布将材质表面擦干净，再用涂料涂抹在材质表面。

2 风干之后可以再涂一次，这样色彩保持会久一些，再次风干之后就可以用粉笔写字啦!

木板的复古加工

先涂好颜料，再用砂纸打造粗糙复古风。

→ P36、50

1 在塑料盒中取适量水性颜料，用平头刷涂在木板上。

2 水性颜料风干后，用砂纸涂蹭木板边缘，打造复古风。

打造腐蚀受损风

将丙烯颜料和瓷砖黏合剂混合搅拌之后涂在花盆上，就可以轻松打造腐蚀受损风。

→ P44

1 在塑料盒中取等量的丙烯颜料和瓷砖黏合剂。

2 将步骤 1 适当混合后，粗糙地涂抹在花盆上。

3 放在通风处风干后即可打造腐蚀受损风。

绘制喷漆罐头盒子

在罐头盒子上涂上一层黏着剂，再涂上颜料，也可以用海绵打造复古风。

➡ P48、50、54

1 用钳子将罐头盒子边缘向内弯折，防止伤到手。

2 用平头刷在罐头盒子上涂一层黏着剂，风干之后就可以涂色了。

3 清洗平头刷之后，在盒子表面涂抹丙烯颜料，外侧和内侧都要涂。

4 步骤3的丙烯颜料风干之后，取茶色丙烯颜料，并用海绵混合蘸取。

5 用海绵在罐头盒子的上下边缘轻轻擦蹭，打造复古风。

在基础陶盆上制作喷漆图样

在厚纸上刻出镂空字体，再用丙烯颜料和海绵在花盆上简单地制作喷漆图样。

➡ P40

1 在厚纸上刻出想要制作的喷漆图样。

2 用海绵蘸取丙烯颜料，在厚纸上轻轻点擦，制作喷漆图样。

3 当丙烯颜料风干后，取下厚纸，制作完成。

用牙签在小物件上绘制图案

需要在极小的空间上绘画写字的时候，可以用牙签来绘制。

➡ P48

取丙烯颜料在硬纸卡上，用牙签蘸取后在饮料瓶盖上绘制图案和文字。

制作橡皮印章

将橡皮切成合适的大小,根据喜好制成印章。

➡ P30、44

1 将橡皮切成合适的大小,将边角切掉后会更可爱哦!

2 蘸取丙烯颜料,调整颜料的多少。

3 在想要印章的位置上,印出图案,注意色彩浓淡的调节。

4 在花盆边缘印章的时候,可以如图印制,按章的力度、角度变化之后,印制的图案也会有所变化。

麻布、木材与塑料膜的组合

比起金属来说,麻布和木材质量会更容易恶化,在内层垫一层塑料膜后,就可以提高耐久度。

➡ P12、18、28、30、52

在麻布的内部垫一层有很多排水孔的塑料膜,再放入用土。

手卷麻绳

金属和塑料这类材质常常给人平淡无奇的感觉,用麻绳制成卷绳装饰,就立刻添加了几分设计感。

➡ P28、36

麻绳最开始的一端可以用胶带固定后缠在麻绳下面,麻绳缠得要密,不要留有空隙。

多肉植物培育重点与微景观维护

多肉植物根据原产地的不同，
栽培场所、栽培方法也各不相同。

放置场所

多肉植物大多喜爱阳光，非常适合室外培育，或者在明亮的窗边培育，但不适合在不见光的房间培育。室内培育时，要定期拿到室外见光通风，多肉看似好养，但是需要我们的关心和时间，才能养出状态哦！多肉植物多不喜高温多湿，因此要注意通风，冬季注意温度不要过高，置于光照好的窗台即可。

屋外 ◎

多肉植物要养在不淋雨的房檐下，且夏季一定要注意通风。

窗边 ○

十二卷属等多肉植物不能接受强光直射，因此可以通年放在半日光的窗边。

浇水

多肉植物叶片和根茎里储存了大量水分，因此耐旱性强，浇水过多便会导致腐烂或者受伤枯死。用土表面干燥后3~4天后再浇水就可以。推荐在上午一次性浇透水。

推荐用浇水器给多肉植物浇水，注意叶片间不要有积水。

当容器没有排水孔时，浇水30~50毫升后，将容器倾斜，倒出多余水分。

多肉植物微景观的修剪

多肉植物长高后整个微景观搭配会变差，要定期进行修剪，保持微景观的美丽。当整个微景观整体变大，根部过于拥挤时，要取出换盆，这里我们来看一下具体方法。

多肉微景观栽好1年左右，由于植株生长，微景观状态会自然变差。

将长得过长的多肉植物下部剪去2/3，制成可以插种的状态。

当护盆多肉植物长得过多时，要剪下末端植株，再将剩余植株铺好即可。

将修剪好的植株密集栽种好。

多肉植物的分株

繁殖多肉植物也是多肉植物培育中非常有趣的过程。
这里我们来尝试一下繁殖多肉植物吧！

叶插

可以叶插的多肉植物，只要将叶片摘下放在用土上，大约2周后就会生出根须和新芽。这种方法适用于在拟石莲花属、景天属、伽蓝菜属、青锁龙属的繁殖期进行。

1 取下多肉植物茎叶，置于用土上，在长出根须之前不要浇水。

2 当新芽出现，根须也长得更加强大时，可以开始浇水，而原始叶片也会开始枯萎。

扦插

剪取多肉植物变长的部分，插种在用土里。拟石莲花属和青锁龙属都要等切口晾干之后再进行扦插。景天属、莲花掌属、千里光属等即可以直接插种。

1 剪取多肉植物变长的部分，茎秆要留长一些。

2 叶片细小的景天属植物推荐将数棵合在一起，要用镊子进行种植。

3 将植株深深插种在干燥的用土中，大叶片的多肉植物要将下部的叶片去除再栽种。

4 插种好后放置在不会淋雨的半日光位置，大约2周左右开始生出新芽。

分株

莲花掌属、拟石莲花掌属、长生草属等多肉植物，会在母体的下端生出许多小分株。可以剪下小分株后进行栽种，分株后要立刻浇水。

1 用剪刀剪取连在母体根部的分株，尽量留出较长的茎部。

2 轻轻取下分株下部干枯的叶片，注意不要伤到分株。

3 修剪分株下部的根茎至适当长度。

4 将分株深深插入用土，并且浇足水，放在半日光处培育。

春秋型

景天属 虹之玉

拟石莲花属
白牡丹

世界各地有各种各样的多肉植物，我们在栽培的时候，主要分为3个种类。春秋型多肉植物在气候舒适的春秋季节繁殖，在夏冬两季休养。用于微景观的多肉植物多种多样，有与草花相似，需要按时浇水的种类。而产于热带、亚热带高原的植株则不喜多湿环境，且冬季要注意防寒。

春秋繁殖型主要种类

拟石莲花属
青锁龙属（一部分）
景天属
千里光属（一部分）
莲花掌属
厚叶草属等

全年都需要适量水分

春秋季繁殖型

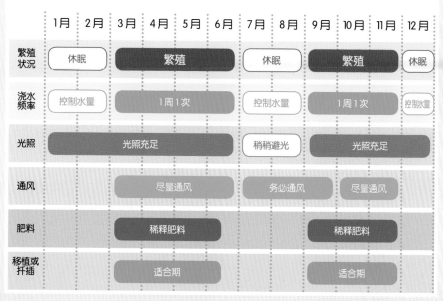

	1月	2月	3月	4月	5月	6月	7月	8月	9月	10月	11月	12月
繁殖状况	休眠		繁殖				休眠		繁殖			休眠
浇水频率	控制水量		1周1次				控制水量		1周1次			控制水量
光照	光照充足						稍稍避光		光照充足			
通风			尽量通风				务必通风		尽量通风			
肥料			稀释肥料						稀释肥料			
移植或扦插			适合期						适合期			

多肉植物生长繁育周期
夏型

伽蓝菜属 月兔耳

露草属 花蔓草

夏季型多肉植物春季开始生长，经过夏季，再到秋季为繁殖期。

这类多肉植物通常原产于热带，喜欢在 20~30 摄氏度的环境下繁殖。且此类植物不耐寒，5 摄氏度以下就会冻伤，因此冬季推荐放在室温不会过高的窗台边。另外，此类多肉植物也有不喜高温潮湿环境的，因此夏季要尽可能地通风，使其凉爽。夏季繁殖型多肉植物冬季不吸收水分，因此冬季要控制浇水量。

夏季繁殖型主要种类

露草属
瓦松属
伽蓝菜属
吊灯花属
马齿苋属等

冬季须断水

夏季繁殖型

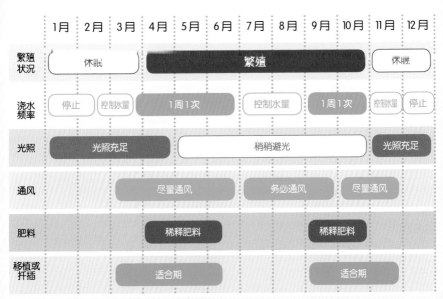

	1月	2月	3月	4月	5月	6月	7月	8月	9月	10月	11月	12月
繁殖状况	休眠			繁殖							休眠	
浇水频率	停止	控制水量	1周1次				控制水量		1周1次		控制水量	停止
光照	光照充足			稍稍避光							光照充足	
通风			尽量通风				务必通风		尽量通风			
肥料			稀释肥料					稀释肥料				
移植或扦插			适合期					适合期				

多肉植物生长繁育周期
冬型

莲花掌属　黑法师

厚敦菊属　紫玄月

　　冬季型多肉植物秋季开始生长，经过冬季，再到春季为繁殖期，而夏季休眠。

　　这类多肉植物通常原产于冬季多雨的地中海、欧洲的山地或南非的高原，喜欢在5~20摄氏度的环境下繁殖。

　　此类多肉植物不喜高温潮湿环境，也不耐寒，冻伤会化水、枯死，因此冬季推荐放在室温不会过高的窗台边。夏季要尽可能置于通风清凉处。夏季植株进入休眠期后，要进入控水阶段。

冬季繁殖型主要种类

莲花掌属
厚敦菊属
青锁龙属（一部分）
长生草属等

> 夏季休眠期可断水

冬季繁殖型

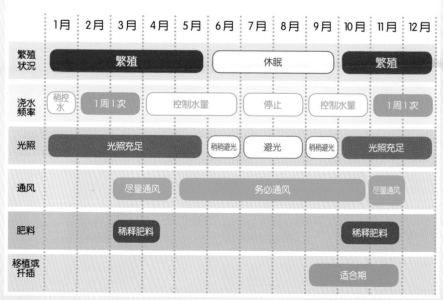

	1月	2月	3月	4月	5月	6月	7月	8月	9月	10月	11月	12月
繁殖状况	繁殖					休眠				繁殖		
浇水频率	稍控水	1周1次		控制水量			停止		控制水量		1周1次	
光照	光照充足					稍稍避光	避光		稍稍避光	光照充足		
通风			尽量通风		务必通风					尽量通风		
肥料		稀释肥料								稀释肥料		
移植或扦插							适合期					

作者

平野纯子 *Junko Hirano*

河野自然园（株式会社）专属设计师兼
专任讲师。作为多肉植物的栽培高手，
经常在各地的多肉植物学习会以及杂
志专栏上出现。同时她也擅长设计庭
院并亲自动手，经常做出有创意的
DIY。

http://www.kyukon.com/

写在最后的话

请在培育多肉植物的过程中，
感受那小小植物的大大生命力，
看着它们努力地成长，
从中收获一份份喜悦与感动吧！

日文版工作人员

策划编辑 / 泽泉美智子
摄影 / 弘兼奈津子、柴田和宣（主妇之友社摄影部）
绘图 / 岩下纱季子
负责编辑 / 平井麻理（主妇之友社）

多肉植物でプチ!寄せ植え
© JUNKO HIRANO 2017
Originally published in Japan by Shufunotomo Co.,Ltd.
Translation rights arranged with Shufunotomo Co.,Ltd.

图书在版编目（CIP）数据

　萌萌的多肉微景观 /（日）平野纯子著 ；刘馨宇译. —
北京 ： 北京美术摄影出版社，2019.5
　ISBN 978-7-5592-0255-0

　Ⅰ . ①萌… Ⅱ . ①平… ②刘… Ⅲ . ①多浆植物—盆
栽—观赏园艺 Ⅳ . ①S682.33

中国版本图书馆CIP数据核字 (2019) 第021236号
北京市版权局著作权合同登记号：01-2017-8900

责任编辑：耿苏萌
责任印制：彭军芳

萌萌的多肉微景观
MENGMENG DE DUOROU WEIJINGGUAN

[日] 平野纯子　著

刘馨宇　译

出　版　北京出版集团公司
　　　　　北京美术摄影出版社
地　址　北京北三环中路6号
邮　编　100120
网　址　www.bph.com.cn
总发行　北京出版集团公司
发　行　京版北美（北京）文化艺术传媒有限公司
经　销　新华书店
印　刷　天津联城印刷有限公司
版印次　2019 年 5 月第 1 版第 1 次印刷
开　本　880 毫米 × 1230 毫米　1/32
印　张　3.5
字　数　70 千字
书　号　ISBN 978-7-5592-0255-0
定　价　39.00 元

如有印装质量问题，由本社负责调换
质量监督电话　010-58572393